新世纪老年课堂系列教材

计算机照片处理技术 Photoshop CS4 实用教程

组编　《上海市老年教育系列教材》编写委员会
上海老年大学

编著　张似玫

上海科技教育出版社

图书在版编目(CIP)数据

计算机照片处理技术:Photoshop CS4 实用教程 / 张似玫编著. —上海:上海科技教育出版社,2011.9

ISBN 978-7-5428-5268-7

Ⅰ. ①计… Ⅱ. ①张… Ⅲ. ①图像处理软件,Photoshop CS4-老年大学-教材 Ⅳ. ①TP391.41

中国版本图书馆 CIP 数据核字(2011)第 154973 号

前　言

随着电脑、数码照相机、摄像机在一般家庭中的普及，中老年朋友的生活方式也发生了很大变化。他们不仅爱好拍摄照片，还迫切需要利用电脑来修饰、美化照片，或者通过扫描旧照片得到素材，再用电脑来修饰照片，从而创建全新的照片效果。

Photoshop 软件完全能满足这一需求，它提供了强大的图像编辑功能，能快速地为图像添加丰富的特殊效果，使平淡无奇的照片变得充满魅力。

目前市场上有关 Photoshop 的书籍琳琅满目，但根据自己多年从事老年大学图像处理课程的教学经验，十分清楚中老年朋友的要求，那就是所述内容、方式必须通俗易懂、易操作、实用性强。所以为了满足中老年朋友的实际需求，特地编写了这本针对中老年朋友的教材。教材中对于 Photoshop 的常用工具做了比较详尽的讲解，对于其图层、路径、通道、蒙版等面板工具的含义、功能和使用也做了比较详尽的介绍，并在每一章后都配了一定数量的练习题，每题都有具体的操作过程，便于读者朋友理解和动手实践。**所有的练习素材均可从上海科技教育出版社网站“资源下载”专区下载，网址为：http://www.sste.com。**

本书编写时参考了周志闽等编著的《Photoshop CS 中文版照片处理应用 100 例》、前沿电脑图像工作室温谦等编著的《巧学巧用 Photoshop 图像处理与设计习题精解》、腾龙视觉设计工作室编著的《Photoshop CS 特效制作技法》等书籍中的部分例子，特在此表示感谢。

本书在编写过程中得到了上海老年大学校领导、教务科和计算机系老师的关心和指导，本人在此深表谢意。

希望本书能给爱好摄影的以及爱好在电脑上进行图像编辑和设计特殊效果的中老年朋友和其他朋友们带来帮助。希望他们通过学习，能够得心应手地利用 Photoshop 在电脑上进行照片的修饰、图像特殊效果的处理，以丰富业余生活，提高审美水平，获得精神上的愉悦和享受。

由于编者的水平有限，书中难免有不足之处，敬请读者提出宝贵意见。

张似玫

2011 年夏

Photoshop

目　录

第一章　Photoshop CS4 简介

一、Photoshop CS4 新增的功能

Photoshop CS4 比以前的版本(例如 Photoshop CS2)多了好些命令,例如“窗口”菜单下的调整、蒙版、仿制源、3D 等命令,以及“编辑”菜单下的自动对齐图层等命令,为用户使用 Photoshop 提供了更多的功能和方便。

1. “调整”面板

使用“窗口”菜单→“调整”命令,可以快速地访问用于在“调整”面板中非破坏性地调整图像颜色和色调所需的控件,包括处理图像的控件和位于同一位置的预设。

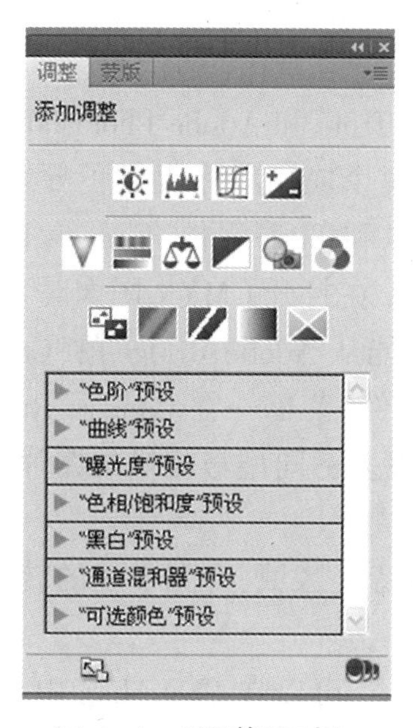

图 1-1　“调整”面板

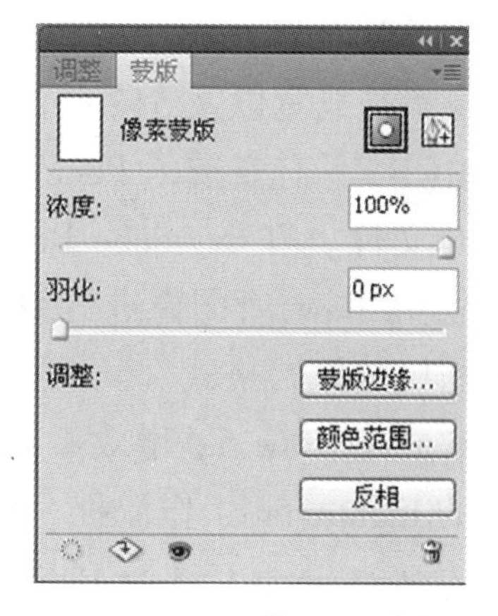

图 1-2　“蒙版”面板

2. “蒙版”面板

使用“窗口”菜单→“蒙版”命令,可以快速创建精确的蒙版。“蒙版”面板提供具有以下功能的工具和选项:创建基于像素和矢量的可编辑的蒙版,调整蒙版浓度并进行羽化,以及选择不连续的对象。

3. 高级复合功能

使用“编辑”菜单→“自动对齐图层”命令，能创建更加精确的复合图层，并使用球面对齐功能以创建360度全景图。使用“编辑”菜单→“自动混合图层”命令，可将颜色和阴影进行均匀的混合，并通过校正晕影和镜头扭曲来扩展景深。

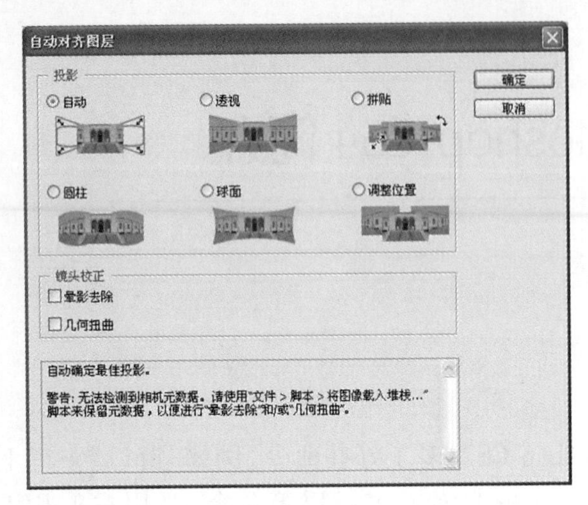

图 1–3 “编辑”菜单→自动对齐图层

图 1–4 “编辑”菜单→自动混合图层

4. 更平滑的平移和缩放

使用“编辑”菜单→首选项→常规，选择启用轻击平移，则能利用抓手工具进行更平滑的平移和缩放图像，顺畅地浏览到图像的任意区域。在缩放到单个像素时仍能保持清晰度，且可使用新的像素网格，轻松地在最高放大级别下进行编辑。

5. Camera Raw 中原始数据的处理效果

Camera Raw 软件是作为一个增效工具随 Adobe After Effects 和 Adobe Photoshop 一起提供的，还为 Adobe Bridge 增添了功能。Camera Raw 为其中的每个应用程序提供了导入和处理相机原始数据文件的功能。也可使用 Camera Raw 来处理 JPEG 和 TIFF 文件。Camera Raw 最多可支持 65000 像素长或宽以及 512 兆像素的图像。Camera Raw 在打开 CMYK 图像时自动将这种图像转换为 RGB。只有安装了 Photoshop 或 After Effects，才能从 Adobe Bridge 的“Camera Raw”对话框中打开文件。打开 Adobe Bridge CS4 程序，点击“文件”菜单→在 Camera Raw 中打开，即可进入 Camera Raw，对图像进行编辑。Camera Raw 支持很多不同型号相机的图片格式，还可以解释很多相机的原始格式。

可使用 Camera Raw 5.0 增效工具将校正应用于图像的特定区域，得到卓越的转换品质。

6. 改进的 Lightroom 工作流程

增强了的 Photoshop CS4 与 Photoshop Lightroom 2 的集成，可以在 Photoshop 中打开 Lightroom 中的照片，并且可以重新使用 Lightroom 进行处理，不会出现问题。可以自动将 Lightroom 中的多张照片合并成全景图，并作为 HDR(High-Dynamic Range 的缩写)图像或多图层 Photoshop 文件打开。

7. 使用 Adobe Bridge CS4 进行有效的文件管理

使用 Adobe Bridge CS4 可以进行高效的可视化素材管理，该应用程序具有以下特性：更快速的启动，具有适合处理各项任务的工作区，以及创建Web画廊和Adobe PDF联系表的超强功能。

8. 功能强大的打印选项

Photoshop CS4 的打印引擎能够与所有最流行的打印机紧密集成。打开打印窗口，可以看到其设置窗口与 Photoshop 其他版本不同，尤为特别的是可以预览图像的溢色区域。

9. 增加了 3D 功能，可以将 2D 图像方便地转换成 3D 对象，并可方便地导出 3D 格式的文件。

二、窗口概述

图 1-5　Photoshop 窗口

- 应用程序栏：包含工作区切换器、菜单和其他应用程序控件。
- 工具栏：包含用于创建和编辑图像、图稿、页面元素等的工具。相关工具将进行分组。
- 工具选项栏：显示当前所选工具的选项，供用户按需要进行选择或设置。
- 文档窗口：显示正在处理的文件。可以将文档窗口设置为选项卡式窗口，并且在某些情况下可以进行分组和停放。
- 面板组：用于监视和修改当前的工作，比如颜色、图层选择、通道选择、动作处理。

三、图像的创建和打开

(一) 创建图像

1. 打开“文件”→“新建”命令，出现如下对话框：

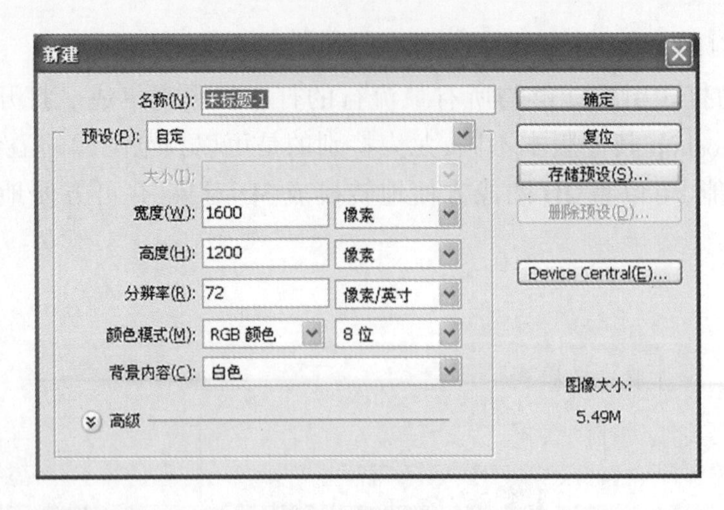

图 1-6　新建文件对话框

2. 在“名称”对话框中键入图像的名称，也可以不输入，等保存文件时再输入文件名。

3. 从“预设”对话框中选取文档大小。要创建具有为特定设备设置的像素大小的文档，单击窗口右下方的“Device Central”按钮。如果选自定文档大小，在“宽度”和“高度”文本框中输入值，设置时注意单位(像素、厘米、英寸等)匹配。

4. 如果要使新图像的宽度、高度、分辨率、颜色模式和位深度与已打开的某个图像完全匹配，可从“预设”对话框的底部选择该图像的文件名。

5. 设置分辨率、颜色模式和位深度。如果将某个选区拷贝到剪贴板，图像尺寸和分辨率会自动基于原图像数据。

6. 选择背景内容。

(1) 白色：用白色填充背景图层。

(2) 背景色：用当前背景色填充背景图层。

(3) 透明：使第一个图层透明，没有颜色值。最终的文档内容将包含单个透明的图层。

7. (可选)必要时，可单击“高级”按钮以显示更多选项。在“高级”下，选取一个颜色配置文件，或选取“不要对此文档进行色彩管理”。对于“像素长宽比”，除非使用用于视频的图像，否则选取“方形像素”。对于视频图像，请选择其他选项以使用非方形像素。

8. 完成设置后，如果单击“存储预设”，将这些设置存储为预设，以后新建文件时可以利用此预设。如果单击“确定”，则仅对当前新建的文件进行设置。

(二) 打开文件

打开文件的方法主要是使用“文件”菜单下的“打开”命令和“最近打开文件”命令；也可以通过 Adobe Bridge 或 Photoshop Lightroom 在 Photoshop 中打开文件。除了静态图像外，Photoshop CS4 Extended 用户还可以打开和编辑 3D 文件、视频和图像序列文件。

Photoshop 可以使用增效工具模块来打开和导入多种文件格式。如果某个文件格式未出现在“文件”菜单下的“打开”对话框或“导入”子菜单中，可能需要安装该格式的增效工具模块。

1. 使用“打开”命令打开文件

(1) 选取“文件”→“打开”命令。

(2) 选择要打开的文件名。如果文件未出现，可以从“文件类型”弹出式菜单中选择“所有格式”。

(3) 单击“打开”。在某些特定情况下会出现一个对话框,可以使用该对话框设置格式的特定选项。

如果出现颜色配置文件警告消息,请指定是使用嵌入的配置文件作为工作空间,将文档颜色转换为工作空间,还是撤销嵌入的配置文件。

2. 打开最近使用的文件

选取“文件”→“最近打开文件”命令,并从子菜单中选择一个文件。

如果要指定“最近打开文件”菜单中列出的文件数目,请选取“编辑”→“首选项”→“文件处理”中选勾“启用 Version Cue”选项,并在“近期文件列表包含”对话框中指定最近打开的文件数。

选取“文件”→“打开为”命令,选择要打开的文件,然后从“打开为”弹出式菜单中选取所需的格式并单击“打开”。

如果文件未打开,则选取的格式可能与文件的实际格式不匹配,或者文件已经损坏。

3. 打开 PDF 文件

Adobe 便携文档格式(PDF)是可以表示矢量和位图数据的通用文件格式。它具有电子文档搜索和导航功能。PDF 文件可以只包含一幅图像,也可以包含多个页面和图像。在 Photoshop 中打开 PDF 文件时,可以选取要打开的页面或图像并指定栅格化选项。还可以使用“文件”菜单中的“置入”命令,或“编辑”菜单中的“粘贴”命令和拖放功能来导入 PDF 文件。页面或图像作为智能对象放置在单独的图层上。

下列过程仅适用于在 Photoshop 中打开一般的 PDF 文件。当打开 Photoshop PDF 文件时,不需要在“导入 PDF”对话框中指定选项。

(1) 执行下列操作之一:

- (Photoshop)选取“文件”→“打开”命令。
- (Bridge)选择 PDF 文件并选取“文件”→“打开方式”→“Adobe Photoshop CS4”命令。跳到第(3)步。

(2) 在“打开”对话框中,选择文件的名称,然后单击“打开”。

(3) 在“导入 PDF”对话框的“选择”下,根据要导入的 PDF 文档的元素,选择“页面”或“图像”。

(4) 单击缩览图以选择要打开的页面或图像。按住“Shift”键并单击可选择多个页面或图像。预览窗口下面会显示选中项目的数量。

可以使用“缩览图大小”,在预览窗口中调整缩览图视图。“适合页面”选项用于在整个预览窗口中显示一个缩览图。如果有多个项目,则会出现一个滚动条。

(5) 如果要为新文档指定名称,请在“名称”对话框中键入名称。如果要导入多个页面或图像,将会打开多个文档,默认的各文档名称均采用基本名称加数字的格式。

(6) 从“页面选项”下的“裁剪到”中选取边框、媒体框、裁剪框、出血框、裁切框、作品框中一项,指定需包括的 PDF 文档部分,并视情况勾选“消除锯齿”选项。

边框:裁剪到包含页面所有文本和图形的最小矩形区域。此选项用于去除多余的空白。

媒体框:裁剪到页面的原始大小。

裁剪框：裁剪到 PDF 文件的剪切区域(裁剪边距)。

出血框：裁剪到 PDF 文件中指定的区域，用于满足剪切、折叠和裁切等制作过程中的固有限制。

裁切框：裁剪到为得到预期的最终页面尺寸而指定的区域。

作品框：裁剪到 PDF 文件中指定的区域，用于将 PDF 数据嵌入其他应用程序中。

(7) 在“图像大小”下，指定下列各选项：

分辨率：设置新文档的分辨率。

模式：设置新文档的颜色模式。

位深度：设置新文档的位深度。宽度值、高度值和分辨率组合在一起，将确定生成文档的最终像素大小。

(8) 若要禁止颜色配置文件警告，请勾选“禁止警告”。

(9) 单击“确定”。

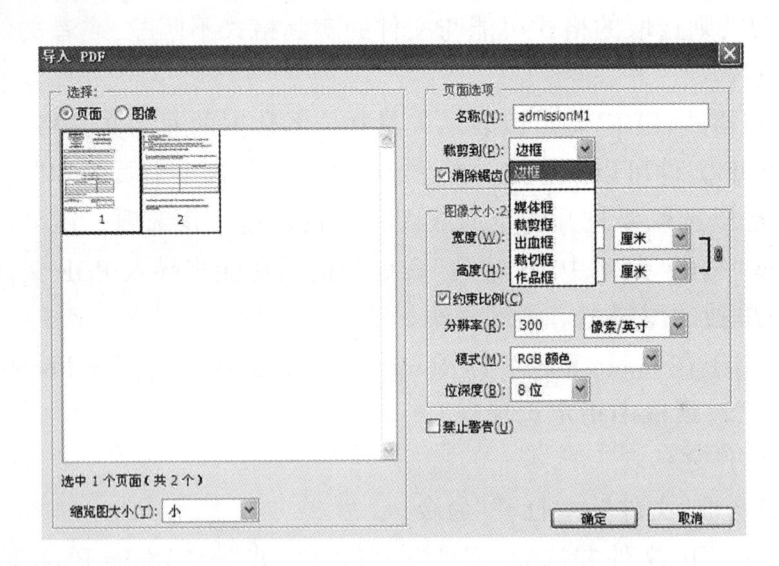

图 1–7 “导入 PDF”对话框

四、在 Photoshop 中置入文件

(一) 在 Photoshop 中置入图片或照片

1. 执行下列操作之一：

- (Photoshop)选取“文件”→“置入”命令，选择要置入的文件，然后单击“置入”。
- (Bridge)选择文件并选取“文件”→“置入”→“在 Photoshop 中”命令。

2. 如果置入的是 PDF 或 Adobe Illustrator(AI 格式)文件，将显示“置入 PDF”对话框。选择要置入的页面或图像，设置“裁剪”选项，然后单击“确定”。

3. 置入的图片会出现在 Photoshop 图像中央的边框中。图片会保持其原始长、宽比；但如果原图片比 Photoshop 图像大，将被重新调整到合适的尺寸。

图 1–8 是在风景 1 图片中置入了风景 2 图片，可以看到图片 1 中间有一个方框放置入的图片 2，且保持原来的长、宽比。

除了使用“置入”命令之外，还可以通过以下方式将 Adobe Illustrator 文件作为智能对象添加：从 Illustrator 中将文件拷贝并粘贴到 Photoshop 文档中。

4.（可选）可以执行“编辑”菜单下的“变换”命令，对置入的图片进行变形；或者拖动边框的角手柄调整图片的位置；指针在边框外时拖动可以旋转图片。

5. 如果置入的是 PDF、EPS 或 Illustrator 文件，请根据需要设置选项栏中的“消除锯齿”选项。若要在栅格化过程中混合边缘像素，选择“消除锯齿”选项。在栅格化过程中，若要在边缘像素之间生成硬边过渡效果，取消“消除锯齿”选项。

图 1–8　置入 PDF 文件

6. 执行下列操作之一：

- 单击选项栏中的“提交”命令或按“Enter”键，将置入图片提交给新图层。
- 单击选项栏中的“取消”或按“Esc”键可以取消置入。

Photoshop 的新图层就如同堆叠在一起的透明纸，可以透过图层的透明区域看到下面的图层。可以移动图层来定位图层上的内容，也可以更改图层的不透明度以使内容部分透明。当执行了置入操作，自动生成图层，其内容为置入的图片或照片。

（二）在 Photoshop 中置入 PDF 或 Illustrator 文件

置入 PDF 或 Illustrator 文件时，使用“置入 PDF”对话框来设置图片置入选项。

1. 在打开目标 Photoshop 文档的情况下，置入 PDF 或 Adobe Illustrator 文件。

2. 在“置入 PDF”对话框的“选择”下，根据要导入的 PDF 文档的元素，选择“页面”或“图像”。如果 PDF 文件包含多个页面或图像，请单击要置入的页面或图像的缩览图。

可以使用“缩览图大小”菜单，在预览窗口中调整缩览图视图。“适合页面”选项用于在整个预览窗口中显示一个缩览图。如果有多个项目，则会出现一个滚动条。

3. 从“选项”下的“裁剪到”菜单中选取一项，指定需包括的 PDF 或 Illustrator 文档部分。

4. 单击“确定”。

5. 可以设置选项栏中的任何定位、缩放、斜切、旋转、变形或消除锯齿选项。

6. 单击“提交”，将图片作为智能对象置入到目标文档的新图层上。

如果在 Photoshop 中打开相机原始数据文件，则可以使用其他图像格式来存储图像，如 PSD、JPEG、大型文档格式(PSB)、TIFF、Photoshop Raw、PNG 或便携位图(PBM)。在 Photoshop 的“Camera Raw”对话框中，可以使用数字负片 (DNG)、JPEG、TIFF 或 Photoshop(PSD)格式来存储处理的文件。虽然

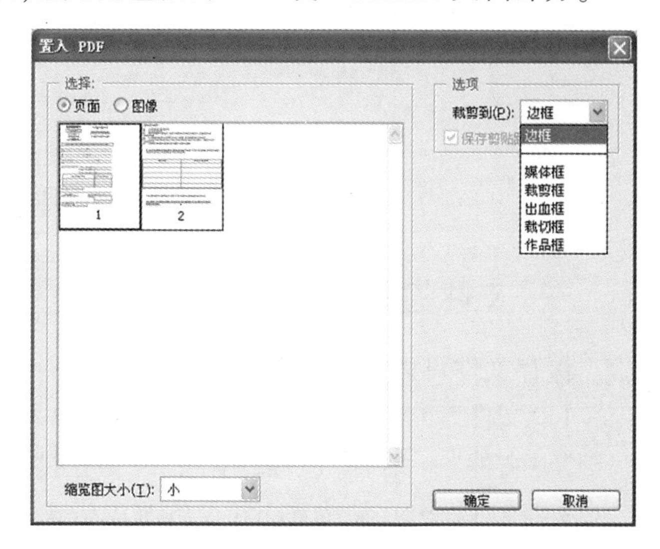

图 1–9　“置入 PDF”对话框

Photoshop Camera Raw 软件可以打开和编辑相机原始图像文件，但不能用相机原始格式来存储图像。

五、数字负片(DNG)格式

数字负片(DNG)格式用于存储相机原始数据，也可以将DNG用作中间格式来存储最初使用专有相机原始格式捕捉的图像。可以使用Adobe DNG转换器或“Camera Raw”对话框将相机原始数据文件转换为DNG格式。在Adobe Bridge CS4中打开DNG格式文件后双击此文件，即进入“Camera Raw”进行调整，并按需要的格式保存图像。如图1-10所示。

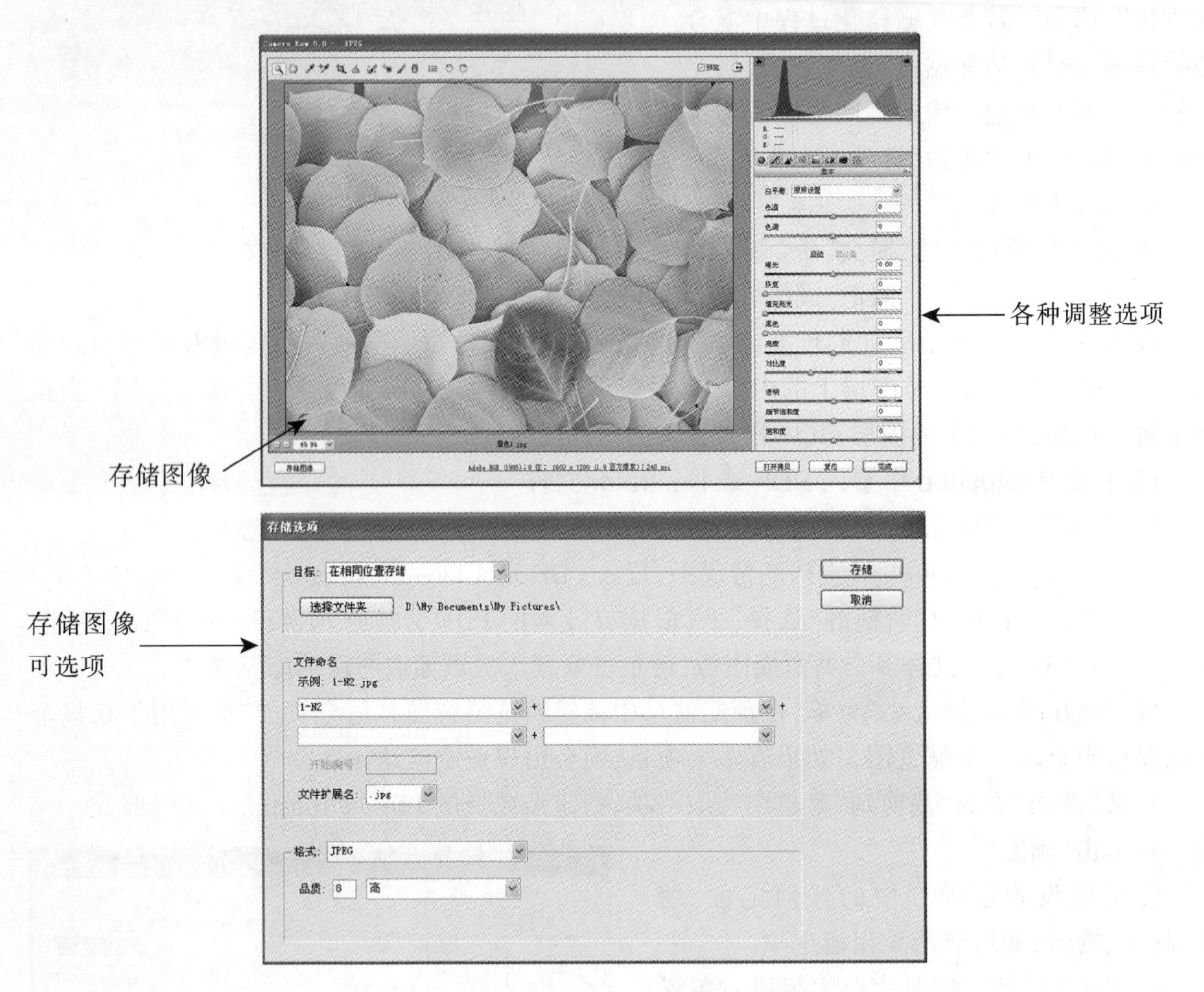

图 1-10　在 Camera Raw 中调整和保存文件

六、文件的保存

保存文件可以用下列方法之一：

1. “文件”→“存储为”，选保存的位置，输入文件名，确定保存的格式→按“确定”。
2. “文件”→“存储”(一般用于已经保存过的文件修改后的再次保存)。
3. “文件”→“存储为Web和设备所用格式”，可用于保存为网页文件或GIF动画文件。

练 习*

一、新建背景色为蓝色的 640 像素×800 像素的 RGB 文件,文件名为 11.psd,保存在“我的文档”中。

二、新建透明的 Photoshop 默认大小的灰度文件,分别以文件名 aa.jpg,aa.psd 保存在桌面上。再分别打开,观察一下是否相同。

三、打开图片 1-1.jpg,把图片 1-2.jpg 置入图片 1-1.jpg 中,并改变大小,斜切 1-2.jpg,分别保存为 PSD、JPG 两种格式的文件,位置自选。效果如图 1-11。

四、在 Adobe Bridge CS4 中打开图片 1-1.jpg,并保存为 1-n.dng 格式的图片。

五、在 Adobe Bridge CS4 中打开 1-n.dng,双击此文件,进入“Camera Raw”,利用其右边修改工具栏中的工具修改效果,并保存为 1-n1.dng 文件和 1-n2.jpg 文件。

图 1-11　1-3.jpg

图 1-12　1-n2.jpg

六、打开图片 1-1.jpg,置入 1-2.pdf 文件的第 2 页,结果如图 1-13。

七、打开图片 1-4.jpg,置入 1-5.gif 文件(只能置入 1 帧),结果如图 1-14。

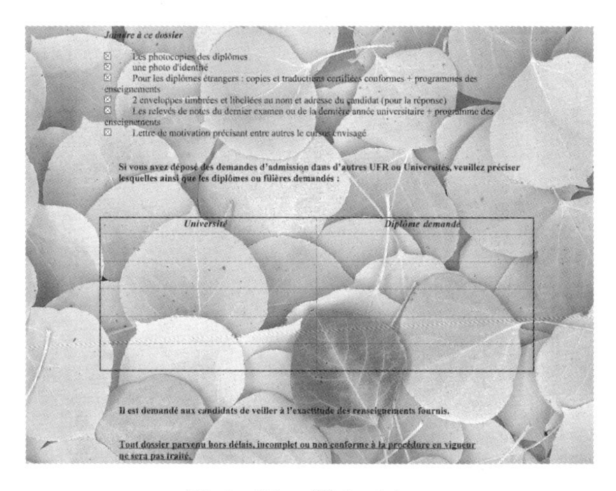

图 1-13　置入 1.jpg

图 1-14　置入 2.jpg

* 所有的练习素材均可从上海科技教育出版社网站“资源下载”专区下载,网址为:http://www.sste.com。下同。

第二章　各类选择工具的使用

一、选框工具和移动工具的使用

（一）Photoshop CS4 中的选框工具

Photoshop CS4 的选框工具用图标⬚来表示，位于工具栏的上部，内有 3 个选框工具，具体如下：

1. 矩形选框工具⬚

矩形选框工具用来在当前图层上建立一个矩形选区。按住鼠标左键并在当前图层上拖动便能建立一个矩形选区。如果同时按住“Shift”键并拖动鼠标，可建立正方形选区。为使正方形选区不变形，应先释放鼠标左键，再释放“Shift”键。

2. 椭圆选框工具◯

椭圆选框工具用来在当前图层上建立一个椭圆形选区。按住鼠标左键并在当前图层上拖动，便能建立一个椭圆形选区。如果同时按住“Shift”键并拖动鼠标，可建立正圆形选区。为使正圆形不变形，应先释放鼠标左键，后释放“Shift”键。

3. 单行选框工具 ⋯、单列选框工具 ⋮

单行或单列选框工具用来在当前图层上建立宽度为 1 像素的行或列。将鼠标指针放在图层上要建立行或列选区的位置上，点击左键，即能创建行或列选区。

（二）在工具控制栏中指定选区设置

用不同的选框工具建立选区有不同的设置，在工具控制栏中有以下几项设置：

1. 选区设置

在 Photoshop CS4 的工具控制栏中有一个如图 2-1 所示的选区设置栏，它是用来配合选框工具的。各选项的作用如下：

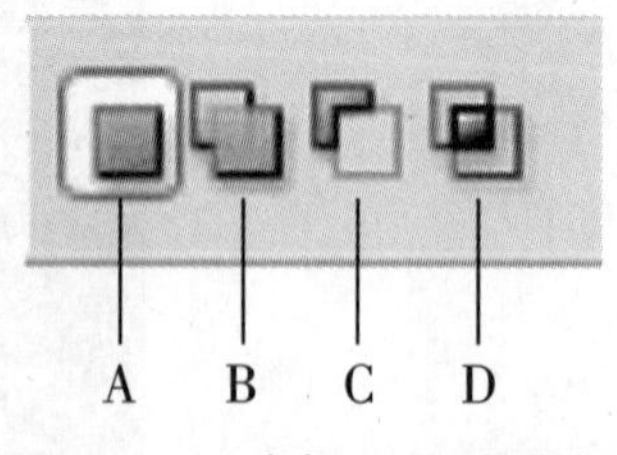

图 2-1　选框工具选项栏

A：新选区。选中 A 选项后，使用上述选框工具在当前图层上拖动时只能选中一个新的选区。

B:添加到选区。在已经建立的选区上再添加若干个选区,这些选区叠加后形成一个新的选区。

C:从选区减去。在已经建立的选区上减去若干个选区。

D:与选区交叉。在两个选区的交叉区域建立选区。

2. “羽化”设置

羽化的目的是对选区边缘进行软化或模糊化处理。羽化以像素数为单位,数值越大,选区边缘软化处理的宽度也越大。设置时只要将规定范围的数字填入羽化栏中即可。用上述3种选框工具选得的选区其边缘都可羽化。

3. “样式”选择

“样式”选择只适用于矩形选框工具和椭圆选框工具,只有以下3个选择。

(1) 正常:设为“正常”时,拖动鼠标可创建任意大小的矩形或椭圆形选区。

(2) 固定比例:设为“固定比例”时,需要在“宽度”和“高度”栏中填入数字以确定宽、高比。这时拖动鼠标产生的任意大小矩形其宽、高比是固定的,产生的任意大小的椭圆,其长轴与短轴的比例也是固定的。

(3) 固定大小:设为“固定大小”时,需要在“宽度”和“高度”栏中输入指定的值,这两个数值对于矩形选框来说是指选区的宽与高,对于椭圆选框来说是指长轴与短轴。在“宽度”和“高度”栏中输入的数值可以是像素(px),也可以使用英寸(in)或厘米(cm)等单位。

4. “消除锯齿”设置

由于像素的形状是方形的,所以用椭圆选框工具选得的选区其边缘一定是锯齿形的。为使椭圆形选区边缘光滑,可以选用“消除锯齿”功能。

(三) 对齐选区

为使建立的选区与参考线、网格、切片或文档边界对齐,应进行如下操作:

- 选择“视图”→“对齐”命令。
- 或者选择“视图”→“对齐到”命令,然后从子菜单中选取对齐子命令。

经过上述操作后,用选框工具建立的选区对齐方式将由“对齐到”子菜单控制。

(四) 选区的移动

使用选框工具建立选区后有时需要将它移动到合适位置,可通过以下操作来实现:

- 使用矩形选框工具或椭圆选框工具建立选区后,将鼠标指针移到选区内,按住鼠标左键进行拖动,直到到达合适位置后再放开鼠标键。
- 使用矩形选框工具或椭圆选框工具建立选区后如果想直接移动选区,应在创建选区后继续按住鼠标左键,并按住空格键后拖动鼠标。如果移动到位后觉得需要重新调整选区的大小,只要松开空格键,继续按住鼠标左键拖动即可。
- 使用单行或单列选框工具建立的选区,可在选区的旁边单击并按住鼠标左键将选框拖动到确切的位置。如果看不见选框,可增加图像视图的放大倍数。

(五) 移动工具 的使用

如果在同一张图片中,利用移动工具移动选区,则将改变选区内容的位置;如果在不同的图片中使用移动工具,则相当于执行了拷贝、粘贴命令,可以将选区内容复制到其他图片中。

二、快速选择工具和魔棒工具的使用

选择了快速选择工具后,可以利用可调整大小的圆形画笔笔尖快速"绘制"选区。拖动时,选区会向外扩展并自动查找和跟随图像中定义的边缘。魔棒工具则能很方便地选择颜色一致的区域,而不必跟踪其轮廓。可以根据所单击的像素的相似度,来为魔棒工具的选区指定色彩范围或容差,但该工具不能在位图模式的图像或32位/通道的图像上使用。

(一) 快速选择工具选项栏

选择了快速选择工具后,选项栏中可按要求进行选择。选项栏如图2-2:

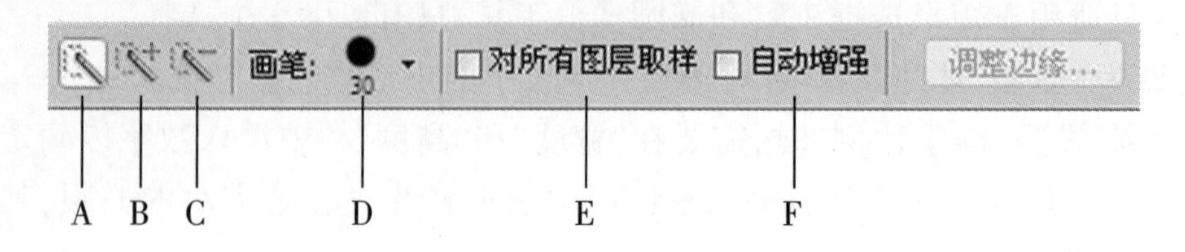

图 2-2　快速工具选项栏

A:新选区。是在未选择任何选区的情况下的默认选项。创建初始选区后,此选项将自动更改为"添加至选区",即自动选择B选项。

B:添加到选区。

C:从选区减去。

D:指更改快速选择工具的画笔笔尖大小。单击选项栏中的"画笔"菜单并键入像素大小或移动"直径"滑块来改变笔尖大小。使用"大小"弹出菜单选项,使笔尖大小随钢笔压力或光笔轮而变化。

E:对所有图层取样。基于所有图层(而不是仅基于当前选定图层)创建一个选区。

F:自动增强。选择此项,会自动将选区向图像边缘进一步流动并应用一些边缘调整,以减少选区边界的粗糙度和块效应。也可以通过在"调整边缘"对话框中使用"平滑"、"对比度"和"半径"选项手动调整这些边缘。

可选单击"调整边缘"以进一步调整选区边界,或对照不同的背景查看选区,或将选区作为蒙版查看。

(二) 魔棒工具选项栏

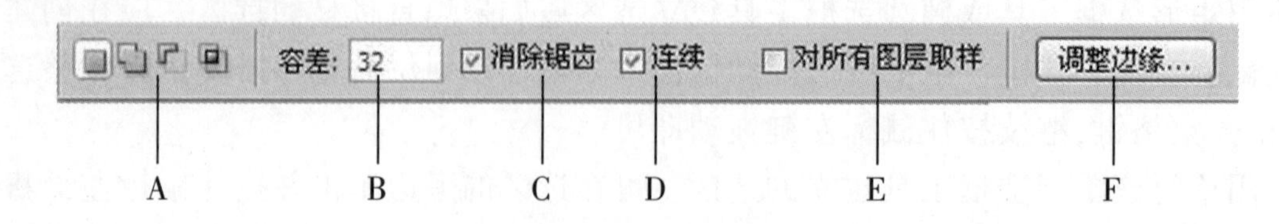

图 2-3　魔棒工具选项栏

A:如选框工具,设定新选区,或添加选区、减掉选区等。

B:容差,确定选定像素的相似点差异。以像素为单位输入一个值,范围介于0到255。如果值较低,则会选择与所单击像素非常相似的少数几种颜色;如果值较高,则会选择范围更广的颜色。

C:消除锯齿,创建较平滑边缘选区。

D:连续。选连续,则只有连在一起的符合容差值的颜色被选中;不选连续,则整个图层中只要符合容差值的颜色均被选中。

E:选对所有图层取样,则使用所有可见图层中的数据选择颜色。否则,魔棒工具将只从现用图层中选择颜色。

F:调整边缘(可选),用于进一步调整选区边界,或对照不同的背景查看选区,或将选区作为蒙版查看。

三、套索工具组的使用

在选择图像时,多数要选对象的形状是不规则的,颜色也可能不尽相同。这就需要使用套索工具组中的套索工具、多边形套索工具和磁性套索工具。

(一) 套索工具

利用套索工具可以手绘选区边框。使用时首先在选项栏中指定一个选区选项(同上),设置羽化值,勾选"消除锯齿",然后按下鼠标沿要选择的形状拖动以绘制手绘的选区边界;一旦松开鼠标,选区即闭合。单击"调整边缘"可以进一步调整选区边界,或对照不同的背景查看选区,或将选区作为蒙版查看。

(二) 多边形套索工具

利用多边形套索工具可以以直线段手绘选区边框。使用时首先在选项栏中指定一个选区选项(同上),设置羽化值,并勾选"消除锯齿",然后操作。具体步骤如下:

1. 在图像中单击鼠标左键以设置起点。

2. 执行下列一个或多个操作:

- 若要绘制直线段,首先将指针放到第一条直线段结束的位置单击,然后单击下一个位置,每两点之间自动连成直线;继续单击,设置后续线段的端点。
- 要绘制一条角度为 45 度的倍数的直线,按住"Shift"键以单击下一个线段。
- 要绘制手绘线段,请按住"Alt"键并拖动。完成后,松开"Alt"键和鼠标按钮。

3. 执行下列任何一个操作结束操作,形成选区:

- 将多边形套索工具的指针放在起点上(指针旁边会出现一个闭合的圆)并单击。
- 如果指针不在起点上,双击多边形套索工具指针,或者按住"Ctrl"键后单击。

4. (可选)单击"调整边缘",以进一步调整选区边界,或对照不同的背景查看选区,或将选区作为蒙版查看。

(三) 磁性套索工具

使用磁性套索工具时,选区边界会自动对齐图像中定义区域的边缘。磁性套索工具不可用于 32 位通道的图像。磁性套索工具特别适用于快速选择与背景对比强烈且边缘复杂的对象。操作时同样首先在选项栏中指定一个选区选项,如图 2-4。和前面选择工具不同的选项如下:

图 2-4　磁性套索工具选项栏

宽度：若要指定检测宽度，请为“宽度”输入像素值，磁性套索工具只检测从指针开始指定距离以内的边缘。要更改套索指针以使其指明套索宽度，请按“Caps Lock”键，可以在已选定工具但未使用时更改指针。按右方括号键(])，可将磁性套索边缘宽度增大 1 像素；按左方括号键([)，可将宽度减小 1 像素。

对比度：若要指定套索对图像边缘的灵敏度，可在对比度中输入一个介于 1%和 100%之间的值。较高的数值将只检测与其周边对比鲜明的边缘，较低的数值将检测低对比度的边缘。

频率：若要指定套索以什么频度设置紧固点，请为“频率”输入 0 到 100 之间的数值。数值越高，表明固定选区边框的速度越快。

在边缘精确定义的图像上，可以试用更大的宽度和更高的对比度，然后大致地跟踪边缘；在边缘较柔和的图像上，尝试使用较小的宽度和较低的对比度，然后更精确地跟踪边框。

磁性套索选择工具的操作顺序：

1. 在图像中单击，设置第一个紧固点。紧固点将选框固定住。

2. 松开鼠标按钮，或按住鼠标按钮不放，然后沿着想要跟踪的边缘移动指针。

刚绘制的选框线段保持为现用状态。当移动指针时，现用线段与图像中对比度最强烈的边缘(基于选项栏中的检测宽度设置)对齐。磁性套索工具定期将紧固点添加到选区边框上，以固定前面的线段。

3. 如果边框没有与所需的边缘对齐，则单击一次以手动添加一个紧固点。继续跟踪边缘，并根据需要添加紧固点。

4. 要临时切换到其他套索工具，可执行下列任一操作：

- 要启动套索工具，请按住“Alt”键并按住鼠标按钮进行拖动。
- 要启动多边形套索工具，请按住“Alt”键并单击。

5. 要抹除刚绘制的线段和紧固点，可按“Delete”键。每按一次“Delete”键，可以抹除一个紧固点。

6. 关闭选框：

- 要用手绘的“磁性”线段闭合边框，请双击或按“Enter”键。
- 若要用直线段闭合边界，请按住“Alt”键并双击。
- 若要关闭边界，请将指针拖回起点并单击。

四、选择色彩范围

“色彩范围”命令用于选择现有选区或整个图像内指定的颜色或色彩范围。“色彩范围”命令不可用于 32 位/通道的图像。要细调现有的选区，可以重复使用“色彩范围”命令选择颜色的子集。选择菜单→色彩范围，进入“色彩范围”对话框，如图 2-5 所示。

1. 选取“选择”→“色彩范围”，从“选择”菜单中选取“取样颜色”工具，也可以从“选择”菜单中直接选择颜色或色调范围，但是不能调整选区。“溢色”选项仅适用于 RGB 和 Lab 图像(溢色是指无法使用印刷色打印的 RGB 或 Lab 颜色)。如果正在图像中选择多个颜色范围，则勾选“本地化颜色簇”来构建更加精确的选区。

2. 选择显示选项：预览由于对图像中的颜色进行取样而得到的选区。白色区域是选定的像素，黑色区域是未选定的像素，而灰色区域是部分选定的像素。

图 2-5 “色彩范围”对话框

预览整个图像。例如,可能需要从不在屏幕上的一部分图像中取样。

要在“色彩范围”对话框中的“图像”和“选择范围”预览之间切换,按“Ctrl”键。

3. 将吸管指针放在图像或预览区域上,然后单击以对要包含的颜色进行取样。

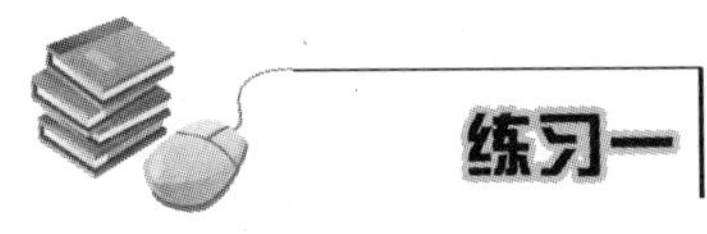

一、画出下图 2-6,并利用“编辑”中的“填充”命令完成各色填充。

操作步骤:

1. 利用椭圆工具画出一个椭圆,选“编辑”→“填充”→“颜色”,选自己喜欢的颜色→“确定”,如图中的 1。

2. 利用椭圆工具画出一个椭圆,再利用“从选区减去”命令在椭圆上再画一个椭圆,得到一个半圆,选“编辑”→“填充”→“颜色”,选自己喜欢的颜色→“确定”,如图中的 2。

3. 利用矩形工具画出一个矩形,同样反复利用相减的方法,再选“编辑”→“填充”→“颜色”,选自己喜欢的颜色→“确定”,得到梯形矩形,如图中的 3。

4. 用椭圆、矩形工具及相减、相加操作,4 个角上的圆用固定大小画出,并填充为黑色,得到图中的 4。

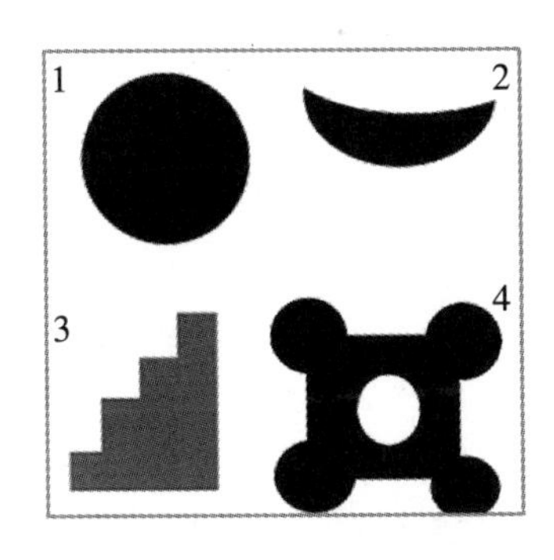

图 2-6 选择工具练习

二、打开图片1-4.jpg,用磁性套索工具套出叶子,在过程中切换使用套索工具和多边形套索工具(提示:用“ALT”键+鼠标单击和用“ALT”键+鼠标拖动)。

三、制作啤酒瓶。

操作步骤:

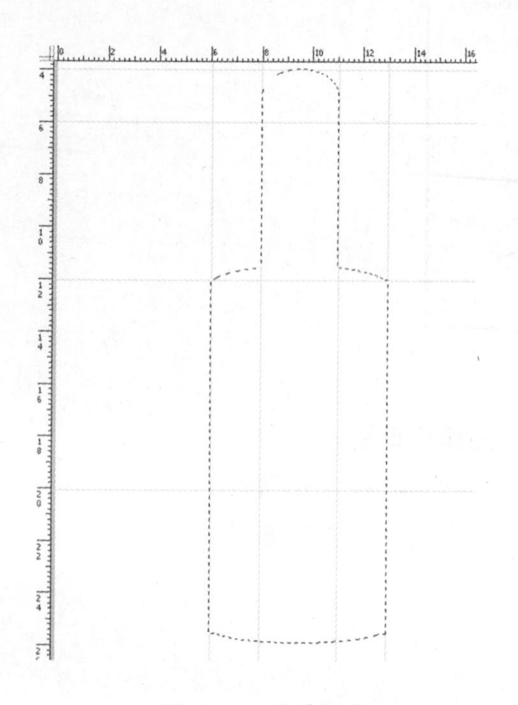

图2-7 画啤酒瓶

1. 创建文件:选“文件”→“新建”,确定文件名、图像大小、颜色、模式→“确定”。

2. 在新建的文件中画一个啤酒瓶(图2-7)。

(1) 显示标尺:选“视图”菜单→“标尺”。

(2) 画参考线:在标尺处按下鼠标左键往图中拖,画出参考线。

(3) 利用选择工具中的椭圆、矩形工具及相加、相减方法,分别画出瓶口、瓶颈、瓶身、瓶底。

(4) 选“图层”菜单→“新建”→“图层”,默认图层名为“图层1”。

(5) 选“编辑”菜单→“填充”→50%灰色。

(6) 选“选择”菜单→“取消选择”。

(7) 选“视图”菜单→“清除参考线”。

(8) 保存文件:选“文件”菜单→“存储为”,选存储位置及图片格式,输入文件名。

四、快速选择图2-8a中的叶子部分,得到图2-8b。

2-8a 原图

2-8b 结果图

图2-8 快速选出叶子

练习二

打开*.bmp文件,利用选择工具和套索工具,完成下图的设计。

图 2-9　tu.psd

操作步骤：

1. 打开 tu01.bmp 文件。

tu01.bmp

2. 打开 tu02.bmp 文件，利用套索工具，沿盘子和鸡肉的边沿选好选区，利用"编辑"菜单中的"拷贝"、"粘贴"命令复制到 tu01.bmp 文件中（或直接移动到 tu01.bmp 中），利用"编辑"菜单→"自由变换"，改变到合适大小，并移到适当的位置。

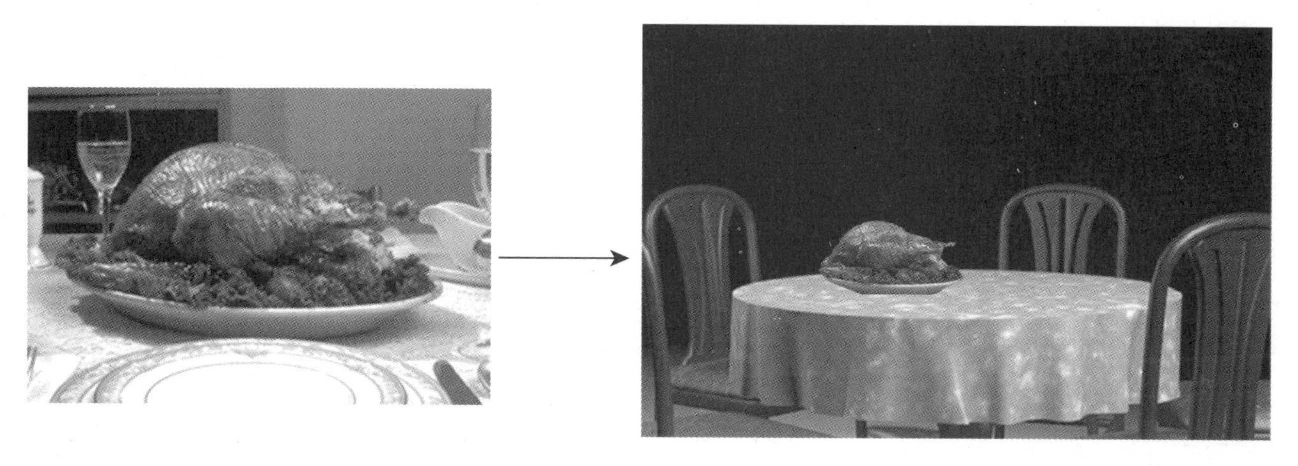

tu02.bmp　　图 2-10　tu1.psd

3. 打开 tu03.bmp 文件，用魔棒工具选择酒瓶，并用移动工具将酒瓶移到 tu01.bmp 文件中，改变大小、水平翻转后，再移到适当的位置。

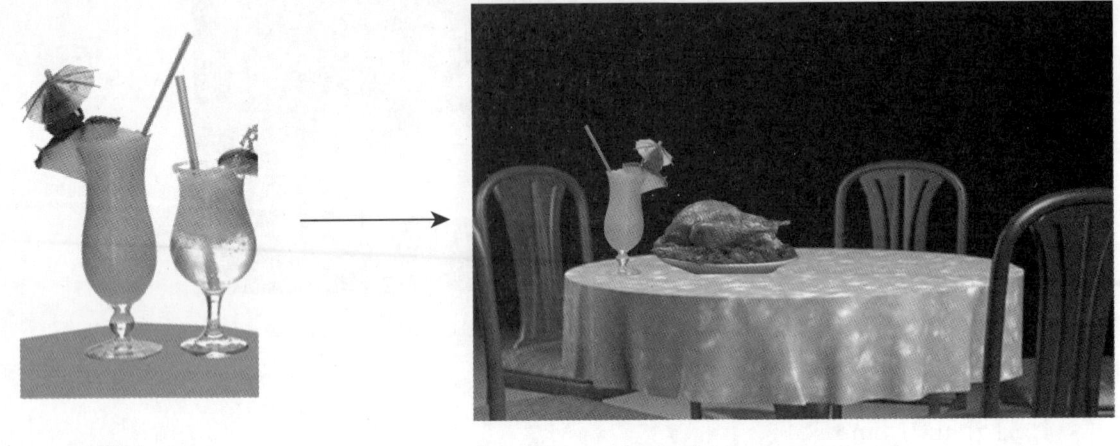

tu03.bmp　　图 2-11　tu2.psd

4. 打开 tu04.bmp，利用“选择”菜单→“色彩范围”，数据选 16，用吸管工具点击 tu04.bmp 的背景颜色，吸收掉灰色，勾选“反相”，使蛋糕选中，再用移动工具移到 tu01.bmp 中，并移到适当的位置。

tu04.bmp　　图 2-12　tu3.psd

5. 打开 tu05.bmp、tu06.bmp、tu07.bmp，利用合适的选择工具，将酒杯和酒瓶复制到 tu01.bmp 中。

tu05.bmp

tu06.bmp

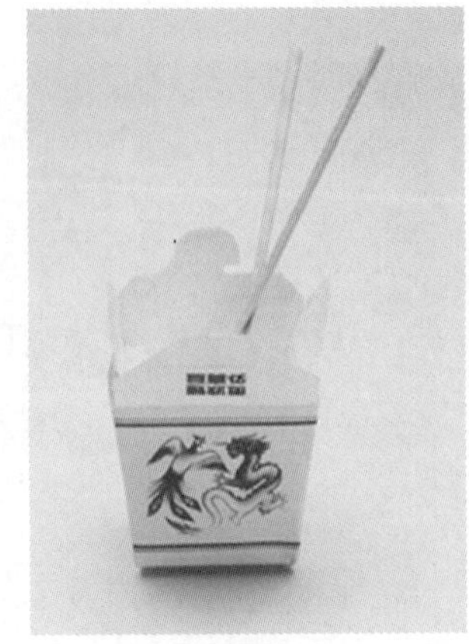

tu07.bmp

6. 打开 tu08.bmp,用矩形选择工具画出选择框,并使用"编辑"菜单中的"拷贝"命令。

将 tu01.bmp 的背景层作为当前层,用魔术棒工具点击背景后,利用"编辑"菜单中的"贴入"命令,将蜡烛层粘贴到 tu01.bmp 中,并将此图层移到最底层,得到如图 2-9 的效果。

tu08.bmp

第三章 裁剪图像

裁剪图像是从原有图像中移去部分图像的过程，以突出或加强图像的构图效果。可以使用裁剪工具和“裁剪”命令来裁剪图像；也可以使用“裁剪并修齐”和“裁切”命令来裁切像素。

一、使用裁剪工具裁剪图像

(一) 裁剪工具的启用

裁剪工具用图标来表示，位于工具栏的上部，与切片工具和切片选择工具放在同一个工具箱内，用鼠标来选取。启用时只要将鼠标移到工具栏点击图标，裁剪工具即被启用。

(二) 裁剪工具的设置

使用裁剪工具裁剪图像之前先要对裁剪工具进行设置。只要启用了裁剪工具，其设置内容就会在工具控制栏中显示出来，如图 3-1 所示。

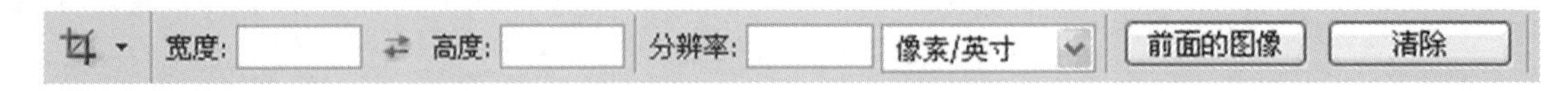

图 3-1 裁剪工具设置栏

设置的主要内容有下面 3 项：

1. 宽度：用来指定裁剪后图像的宽度尺寸，尺寸的单位根据“编辑”菜单“首选项”中的有关设定自动生成。文本框中填入的数字可以比原来的图像小，也可以比原来的图像大。设定的数字比原来图像大时裁剪后的图像清晰度将下降。

2. 高度：用来指定裁剪后图像的高度尺寸。当文本框中填入的数字比原来图像的高度大时，裁剪后的图像清晰度会下降。如果要交换宽度和高度数据，可点击“高度和宽度互换”图标。

3. 分辨率：用来指定裁剪后图像的清晰度，清晰度的单位由“像素/英寸”中的选项决定。一般情况选定为“像素/英寸”。文本框中输入的数字大小决定了裁剪后图像的清晰度。

设置栏中其他按钮的功能如下：

1. “前面的图像”按钮：如果希望裁剪后的图像宽度、高度和分辨率与另一幅被选定的图像一致，先要打开被选定的图像，然后切换到要裁剪的图像。启用裁剪工具后用鼠标点击“前面的图像”这个按钮，这时宽度、高度和分辨率3个文本框将自动填入被选定的那幅图像的数据，裁剪后的图像宽度、高度和分辨率将与被选定的图像一致。

2. “清除”按钮：用来重新设置时清除宽度、高度和分辨率文本框中的数字。

3. “工具预设”按钮：单击工具控制栏左边裁剪工具图标旁边的三角形，可以打开裁剪预设器，从中选择一个常用规格的裁剪预设。

(三) 裁剪工具的使用

完成设置后，便可以使用裁剪工具对图像进行裁剪，其操作步骤如下：

• 用鼠标点击工具栏中的裁剪工具图标，然后直接将鼠标移到图片上，按下鼠标左键拖动，划出要保留的图像区域。松开鼠标键后图片上出现虚线裁剪框，如图 3-2 所示。

图 3-2　裁剪工具的使用

• 如果要重新划裁剪框，可点击工具控制栏右边的"取消"按钮⃠或按"Esc"键，也可在图片的任意位置点击鼠标右键，选择"取消"。如果要完成裁剪，可按"Enter"键或单击工具控制栏右边的"提交"按钮✓；也可以在裁剪框内双击鼠标，或单击鼠标右键，选择"裁剪"。如果要取消裁剪操作，可点击菜单栏中的"编辑"→"还原裁剪"。

• 不必精确地划裁剪框，只要划出大概范围，再对裁剪框的位置、大小进行调整。

• 调整裁剪框位置的方法：将鼠标移到裁剪框内按下鼠标左键便可对裁剪框进行随意拖动，裁剪框到达理想位置后再放开鼠标键。

• 调整裁剪框大小有两种情况。

情况 1：已经在裁剪工具设置栏中设置了宽和高的数值，由于宽与高的比例已经限定，所以只在裁剪框的四角出现角手柄。将鼠标移到角手柄上按下鼠标左键并拖动鼠标就能同比例改变宽与高，实现裁剪框大小的调整。

情况 2：没有在设置栏中设置宽与高的数值，除了在裁剪框四角有角手柄外，在四条边上也有边手柄，可以根据需要用任意一个手柄来调整裁剪框的大小。如果调整时想要约束宽与高的比例，可在拖动角手柄时按住"Shift"键。

• 如果要想旋转裁剪框，可将鼠标指针移到裁剪框外，使鼠标指针变为弯曲的双向箭头，然后按下鼠标左键并拖动鼠标，裁剪框会围绕裁剪框中心点旋转。如果要移动裁剪框的中心点，可将鼠标移到框内中心点，使鼠标指针变成移动工具的图标，这时按下鼠标左键并拖动中心点到想要放置的地方后再松开鼠标键。裁剪位图模式的图片时不能旋转裁剪框。

二、使用“裁剪”命令裁剪图像

除了裁剪工具可以裁剪图像外,还可以使用矩形等选区工具配合“图像”菜单栏内的“裁剪”命令来裁剪图像,具体操作步骤如下:

• 将鼠标移到工具栏点击矩形选框工具,并在工具控制栏中设置“羽化”、“样式”、“宽度”和“高度”,并选定一种选区选择方式,一般选定为“新选区”;然后在图片上按下鼠标左键并拖动鼠标,或单击鼠标左键以建立选区。选区内的图像将是裁剪后保留下来的内容。

• 点击菜单栏中的“图像”→“裁剪”,选区内的图像即被裁剪下来。

• 用矩形选框工具裁剪下来的图像是矩形的。如果用椭圆选框工具、行列选框工具或 3 种套索工具建立的选区,裁剪后留下的图像都是矩形的。

三、使用“裁切”命令裁剪图像

“裁切”命令通过移去不需要的图像数据来裁剪图像,其所用的方式与“裁剪”命令不同,可以通过裁切周围的透明像素或指定颜色的背景像素来裁剪图像,具体操作方法如下:

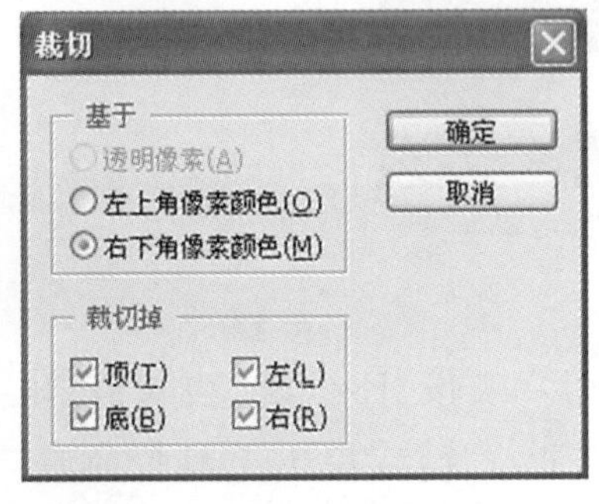

图 3–3 “裁切”命令对话框

• 在菜单栏选择 “图像”→“裁切”, 出现如图 3–3 所示的“裁切”命令对话框。

• 在“裁切”命令对话框中有两个选择区,其中“基于”选择区有如下选项,它们的作用分别是:

“透明像素”:修整掉图像边缘的透明区域,留下包含非透明像素的最小图像。

“左上角像素颜色”:用来从图像中移去左上角像素颜色的区域。

“右下角像素颜色”:用来从图像中移去右下角像素颜色的区域。

在“裁切掉”选择区中有“顶”、“底”、“左”或“右”4 个选项,是指要修整的图像区域。

根据需要可在“基于”和“裁切掉”两个选择区中选中一个或多个修整区域。

四、裁剪图像操作举例

图 3–4 有 2 张照片 3–1.jpg 和 3–2.jpg

3–4a 3–1.jpg

3–4b 3–2.jpg

图 3–4 裁剪例

1. 利用裁剪工具将 3–1.jpg 裁剪成 6 英寸×4 英寸的照片。选择裁剪工具→单击选项栏中裁剪工具图标旁边的三角形→选“裁剪 4 英寸×6 英寸”→单击“高度和宽度互换”图标 ⇄(6 英寸×4 英寸)→在照片上拉出裁剪框→单击选项栏中的“提交”按钮。

2. 利用“裁剪”命令将 3–1.jpg 裁剪成 6 英寸×4 英寸的照片。利用矩形选择工具在照片上根据标尺画出 6 英寸×4 英寸矩形选框→“图像”→“裁剪”。

3. 裁剪成和 3–2.jpg 同样大小。打开图 3–2.jpg→裁剪工具→在选项栏中选前面的图像→3–1.jpg→用裁剪工具在照片上拉出裁剪框→单击选项栏中的“提交”按钮，将图像裁剪成和 3–2.jpg 同样大小。

利用图3–3.jpg练习各种裁剪操作，要求每次裁剪后的结果都保存。

图 3–5　3–3.jpg

1. 利用裁剪工具，裁下3–3.jpg中左边的图片，如拉出的选框和图片大小有偏差，可以适当地修改选框，保存为图1.jpg。

2. 利用裁剪工具，裁下3–3.jpg中右下的图片，需要旋转选框和修改选框，保存为图2.jpg。

3. 裁剪3–3.jpg中右上的图片，保存为图3.jpg。

4. 将图1裁成与图3一样大小，保存为图4.jpg。

第四章 绘画工具

Photoshop CS4 提供多个用于绘制和编辑图像颜色的工具。画笔工具和铅笔工具都使用画笔描边来应用颜色。橡皮擦工具、模糊工具和涂抹工具等在使用时是通过画笔在图像上涂抹来修改图像中的现有颜色。在这些工具的选项栏中,可以设置对图像应用颜色的方式,并需要从预设画笔笔尖中选取笔尖。

一、绘画工具和选项

Photoshop CS4 中预设了很多画笔,用户自己也可以定义画笔。选取某画笔时,可以改变直径,并用合适的透明度及流量进行绘画。

(一) 画笔笔尖选项

画笔笔尖选项与选项栏中的设置一起控制应用颜色的方式。通过在“画笔”面板中的设置,可以以渐变方式、使用柔和边缘、使用较大画笔描边、使用各种动态画笔、使用不同的混合属性等画出美妙的图画。

(二) 使用画笔工具或铅笔工具绘画

画笔工具和铅笔工具可以在图像上绘制当前的前景色。画笔工具创建颜色的柔或硬边线条;铅笔工具创建硬边线条。

使用画笔选取一种前景色。从“画笔预设”选取器中选取画笔,在选项栏中设置模式、不透明度等选项,执行下列一个或多个操作:

- 在图像中单击并拖动以绘画。
- 若要绘制直线,请在图像中单击起点,然后按住“Shift”键并单击终点。
- 在将画笔工具用作喷枪时,按住鼠标按钮(不拖动)可产生颜色扩散效果。

图 4-1 为画笔工具选项栏,在选项栏中设置绘画工具的选项。每个画笔工具,比如橡皮擦、涂抹工具,对应的可用选项是不同的。铅笔工具选项栏和画笔工具选项栏的差别是:铅笔多一个自动抹除的功能,但没有不透明度、流量选择和喷枪选项。

图 4-1 画笔工具选项栏

● 模式：

绘画模式与图层混合模式类似，结果都和下面的图层颜色有关，所以用于设置绘画颜色与下面的现有像素混合的方法及可用模式将根据当前选定工具的不同而变化。比如选择橡皮工具后，也要用到画笔去擦除，但其模式中的选项和用画笔工具时模式的选项是不同的。

● 不透明度：

设置颜色透明度后，绘画时只要不释放鼠标按钮，无论在同一区域画多少遍，颜色都不会加深。但如果释放了鼠标后再按下鼠标在同一区域绘画，则颜色会叠加。数值设为 100%，表示不透明；数值设为 0%，表示全透明。

● 流量：

设置绘画时应用颜色的速率。在某个区域绘画时，如果一直按住鼠标按钮，颜色量将根据流动速率增大，直至达到不透明度设置。释放了鼠标后再按下鼠标在同一区域绘画，同样颜色会叠加。

● 喷枪：

模拟喷枪绘画。按住鼠标左键停留片刻，会发现这个区域颜色有所扩散，就好像真的喷枪将颜色喷在纸上。单击此按钮可打开或关闭此选项。

● 自动抹除：

在包含前景色的区域上绘制背景色，或在包含背景色的区域上绘制前景色。选择要抹除的前景色和要更改为的背景色，然后使用铅笔工具。图 4-2 是前景色为红色、背景色为黑色时铅笔工具的使用效果。

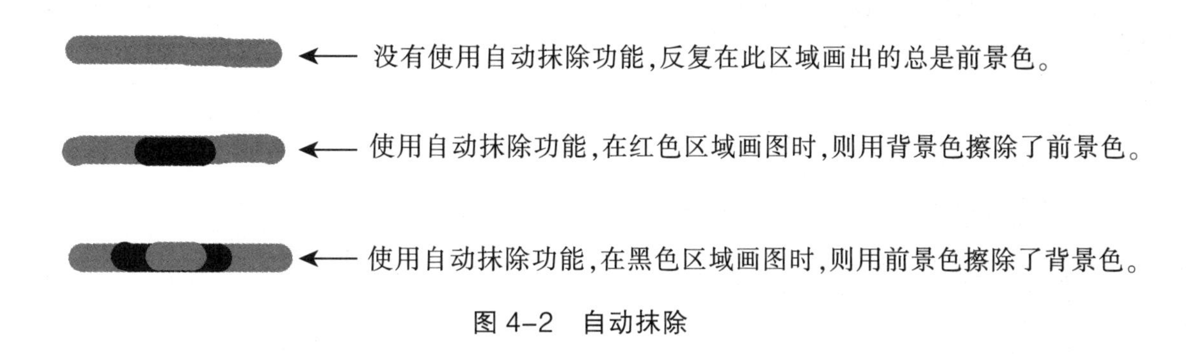

图 4-2　自动抹除

二、“画笔”面板概述

“画笔”面板中包含预设的笔尖形状，还可以修改现有画笔并设计新的自定画笔。“画笔”面板包含一些可用于确定如何向图像应用颜料的动态设置。面板底部的画笔描边预览可以显示使用当前画笔选项时的效果。

图 4-3 是显示有“画笔笔尖形状”选项的“画笔”面板，其中：

A：已锁定　B：未锁定 C：选中的画笔笔尖　D：画笔设置　E：画笔效果预览　F：弹出式菜单　G：画笔笔尖形状（在选“画笔笔尖形状”选项时可用）H：画笔的直径、角度、间距等设置。

（一）显示“画笔”面板和画笔选项

1. 要显示“画笔”面板，选择“窗口”菜单→“画笔”；或者选择绘画工具、橡皮擦工具、模糊工具和涂抹工具等，并单击选项栏右侧的面板按钮。

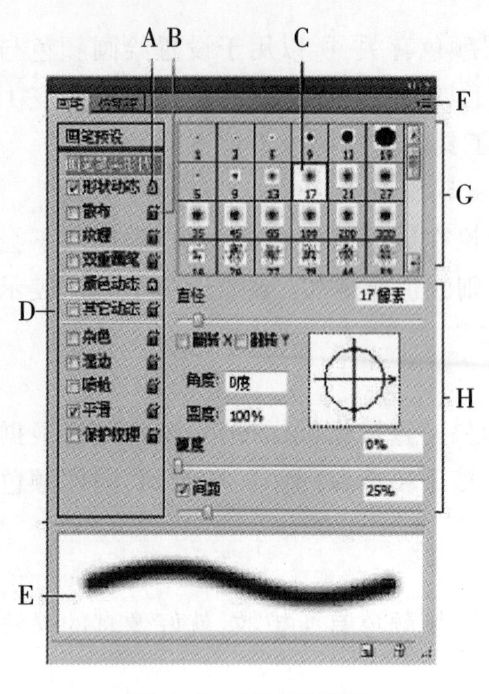

图 4-3 “画笔”面板

2. 在“画笔”面板的左侧选择一个选项组。该组的可用选项会出现在面板的右侧。单击选项组左侧的复选框,可在不查看选项的情况下启用或停用这些选项。

(二)“画笔”面板中部分选项的功能和使用

1. “画笔笔尖形状”选项

可以在“画笔”面板中设置以下画笔笔尖形状选项:

• 直径:控制画笔大小。输入以像素为单位的值,或拖动滑块。

• 翻转 X:改变画笔笔尖在其 X 轴上的方向。

• 翻转 Y:改变画笔笔尖在其 Y 轴上的方向。

• 角度:指定椭圆画笔或样本画笔的长轴从水平方向开始旋转的角度。键入度数,或在预览框中拖动水平轴。

• 圆度:指定画笔短轴和长轴之间的比例。输入百分比值,或在预览框中拖动点。100%表示圆形画笔,0%表示线性画笔,介于两者之间的值表示椭圆画笔。

• 硬度:控制画笔硬度。键入数字,或者使用滑块输入画笔直径的百分比值。样本画笔的硬度不能更改。

• 间距:控制描边中两个画笔笔迹之间的距离。如果要更改间距,可以直接键入数字,或使用滑块输入画笔直径的百分比值。当取消选择此选项时,光标的速度将确定间距。

2. 动态画笔

Photoshop CS4 的“画笔”面板中提供了形状动态和颜色动态的动态画笔,如图 4-4:

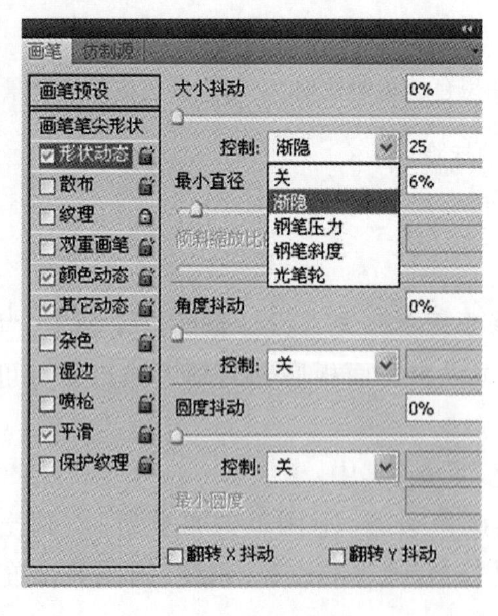

4-4a 形状动态

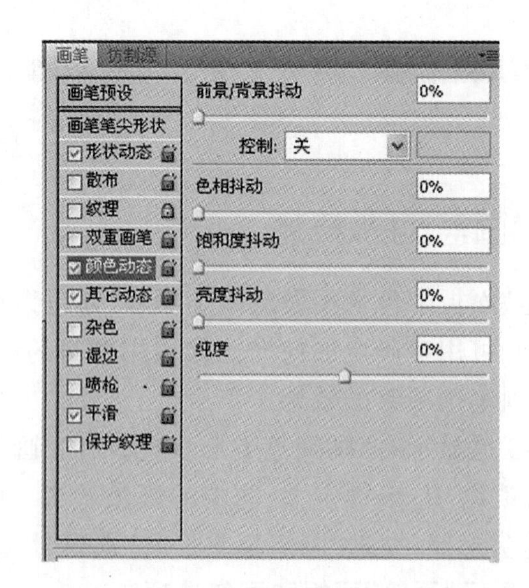

4-4b 颜色动态

图 4-4 动态画笔

(1) 形状动态

在形状动态中要设置参数的选项有：大小抖动和控制、最小直径、角度抖动和控制、圆度抖动和控制、最小圆度。

① 大小抖动和控制：指定描边中画笔笔迹大小的改变方式。要指定抖动的最大百分比，可以键入数字或拖动滑块。若要指定控制画笔笔迹的大小变化，则从“控制”弹出式菜单中选取一个选项，其中：

• 关：指定不控制画笔笔迹的大小变化。

• 渐隐：按指定数量的步长在初始直径和最小直径之间渐隐画笔笔迹的大小。每个步长等于画笔笔尖的一个笔迹。值的范围可以从 1 到 9999。例如，输入步长数 10，会产生 10 个增量的渐隐。

• 钢笔压力、钢笔斜度或光笔轮：可依据钢笔压力、钢笔斜度或钢笔拇指轮位置在初始直径和最小直径之间改变画笔笔迹大小。Photoshop CS4 与大多数压敏式数位板（如 Wacom 绘图板）兼容。只有安装了数位板驱动控制面板，才可以根据选取的“钢笔压力”对光笔改变压力值，从而改变画笔工具的属性，否则这几项都不能选。

② 最小直径：指定当启用“大小抖动”或“控制”时画笔笔迹可以缩放的最小百分比。可通过键入数字或拖动滑块来输入画笔笔尖直径的百分比值。

倾斜缩放比例：指定当“控制”设置为“钢笔斜度”时，在旋转前应用于画笔高度的比例因子。可通过键入数字或者拖动滑块输入画笔直径的百分比值。

③ 角度抖动和控制：指定描边中画笔笔迹角度的改变方式。要指定抖动的最大百分比，请输入一个是 360 度的百分比的值。要指定控制画笔笔迹的角度变化，请从“控制”弹出式菜单中选取一个选项，其中：

• 关：指定不控制画笔笔迹的角度变化。

• 渐隐：按指定数量的步长在 0 和 360 度之间渐隐画笔笔迹的角度。

• 初始方向：使画笔笔迹的角度基于画笔描边的初始方向。

• 方向：使画笔笔迹的角度基于画笔描边的方向。

④ 圆度抖动和控制：指定画笔笔迹的圆度在描边中的改变方式。要指定抖动的最大百分比，请输入一个指明画笔长短轴比率的百分比。要指定控制画笔笔迹的圆度，请从“控制”弹出式菜单中选取一个选项，其中：

• 关：指定不控制画笔笔迹的圆度变化。

• 渐隐：按指定数量的步长在 100%和“最小圆度”值之间渐隐画笔笔迹的圆度。

⑤ 最小圆度：指定当“圆度抖动”或“控制”启用时画笔笔迹的最小圆度。输入一个指明画笔长短轴比率的百分比。

形状动态决定描边中画笔笔迹的变化，如图 4-5。

(2) 颜色动态

颜色动态要设置的参数是前景/背景抖动控制、色相抖动、饱和度抖动、亮度抖动、纯度等。

① “控制”中的选项如下：

• 关：指定不控制画笔笔迹的颜色变化。

• 渐隐：按指定数量的步长在前景色和背景色之间改变油彩的颜色。

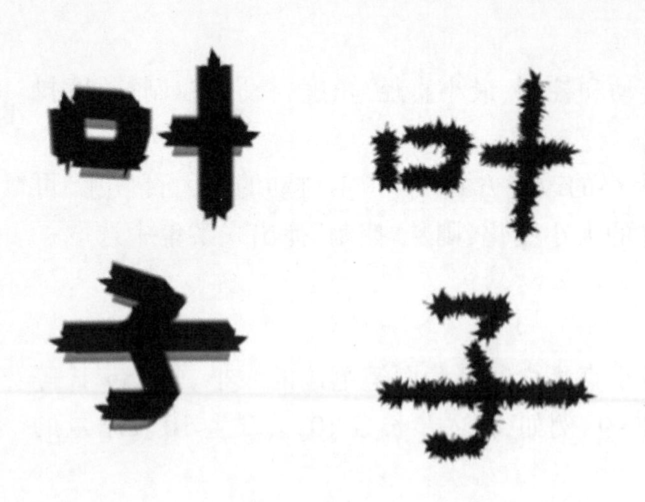

图 4-5　无形状动态和有形状动态的画笔笔尖

② 色相抖动：指定描边中油彩色相可以改变的百分比。通过键入数字或者拖动滑块来输入值。较低的值在改变色相的同时保持接近前景色的色相；较高的值增大色相间的差异。

③ 饱和度抖动：指定描边中油彩饱和度可以改变的百分比。通过键入数字或者拖动滑块来输入值。较低的值在改变饱和度的同时保持接近前景色的饱和度；较高的值增大饱和度级别之间的差异。

④ 亮度抖动：指定描边中油彩亮度可以改变的百分比。通过键入数字或者拖动滑块来输入值。较低的值在改变亮度的同时保持接近前景色的亮度；较高的值增大亮度级别之间的差异。

⑤ 纯度：用于增大或减小颜色的饱和度。键入一个数字，或者拖动滑块，输入一个介于-100 和 100 之间的百分比。如果该值为-100，则颜色将完全去色；如果该值为 100，则颜色将完全饱和。

3. 散布

画笔散布可确定描边中笔迹的数目和位置。

图 4-6　无散布的画笔(左图)和有散布的画笔(右图)

(1) 散布和控制：指定画笔笔迹在描边中的分布方式。当选择“两轴”时，画笔笔迹按径向分布；当取消选择“两轴”时，画笔笔迹垂直于描边路径分布。

要指定散布的最大百分比，请输入一个值。要指定控制画笔笔迹的散布变化，请从“控制”弹出式菜单中选取一个选项，其中：

- 关：指定不控制画笔笔迹的散布变化。

• 渐隐：按指定数量的步长将画笔笔迹的散布从最大散布渐隐到无散布。

(2) 数量：指定在每个间距间隔应用的画笔笔迹数量。

(3) 数量抖动和控制：指定画笔笔迹的数量如何针对各种间距间隔而变化。要指定在每个间距间隔处涂抹的画笔笔迹的最大百分比，请输入一个值。要指定控制画笔笔迹的数量变化，请从“控制”弹出式菜单中选取一个选项，其中：

• 关：指定不控制画笔笔迹的数量变化。

• 渐隐：按指定数量的步长将画笔笔迹数量从“数量”值渐隐到1。

4. 纹理

纹理画笔利用图案使描边看起来像是在带纹理的画布上绘制的一样。单击图案样本，然后从弹出式面板中选择图案。设置下面的一个或多个选项，其中：

(1) 反相：基于图案中的色调反转纹理中的亮点和暗点。当选择“反相”时，图案中的最亮区域是纹理中的暗点，因此接收最少的油彩；图案中的最暗区域是纹理中的亮点，因此接收最多的油彩。当取消选择“反相”时，图案中的最亮区域接收最多的油彩；图案中的最暗区域接收最少的油彩。

(2) 缩放：指定图案的缩放比例。通过键入数字或者拖动滑块来输入图案大小的百分比值。

(3) 模式：指定用于组合画笔和图案的混合模式。

(4) 深度：指定油彩渗入纹理中的深度。通过键入数字，或者拖动滑块来输入值。如果是100%，则纹理中的暗点不接收任何油彩；如果是0%，则纹理中的所有点都接收相同数量的油彩，从而隐藏图案。

(5) 最小深度：指定将“控制”设置为“渐隐”、“钢笔压力”、“钢笔斜度”或“光笔轮”，并且选中“为每个笔尖设置纹理”时油彩可渗入的最小深度。

(6) 深度抖动和控制：指定当选中“为每个笔尖设置纹理”时深度的改变方式。要指定抖动的最大百分比，请输入一个值。要指定希望如何控制画笔笔迹的深度变化，请从“控制”弹出式菜单中选取一个选项，其中：

• 关：指定不控制画笔笔迹的深度变化。

• 渐隐：按指定数量的步长从“深度抖动”百分比渐隐到“最小深度”百分比。

三、使用图案进行绘画

利用图案图章工具，可以从图案库中选择图案或者自己创建图案，从而进行绘画。具体操作为：

1. 选择图案图章工具。

2. 从“画笔预设”选取器中选取画笔笔尖形状。

3. 在选项栏中设置模式、不透明度等选项。

4. 在选项栏中选择“对齐”以保持图案与原始起点的连续性，即使释放鼠标按钮并继续绘画也不例外。取消选择“对齐”，可在每次停止并开始绘画时重新启动图案。

5. 在选项栏中，从“图案”弹出式面板中选择一个图案。

6. 如果希望应用具有印象派效果的图案，请勾选“印象派效果”。在图像中拖动以使用选定图案进行绘画。

四、历史记录艺术画笔的使用

历史记录艺术画笔工具使用指定历史记录状态或快照中的源数据，以风格化描边进行绘画。通过尝试使用不同的绘画样式、大小和容差选项,可以用不同的色彩和艺术风格模拟绘画的纹理。

像历史记录画笔工具一样，历史记录艺术画笔工具也将指定的历史记录状态或快照用作源数据。但是,历史记录画笔通过重新创建指定的源数据来绘画,而历史记录艺术画笔在使用这些数据的同时,还使用为创建不同的颜色和艺术风格而设置的选项。

为获得各种视觉效果,在用历史记录艺术画笔工具绘画之前,可以尝试应用滤镜或用纯色填充图像。

五、更改画笔光标

绘画工具有三种可能的光标:标准光标(工具箱中的图标)、十字线 + 和与当前选定的画笔笔尖的大小和形状相匹配的光标。可以在“光标”首选项对话框中更改画笔笔尖光标。

1. 选择“编辑”→“首选项”→“光标”,打开“首选项”面板。

2. 在“绘画光标”区域和“其它光标”区域中选择所需的光标,样本光标将根据选择发生相应变化。对于画笔笔尖光标,选择大小并决定光标中是否包含十字线。

六、自定义画笔

用户可以根据自己的需要或喜好,设置自己的笔尖形状,即自定义画笔。具体设置的方法是:利用自己画的图形,或选择已有的图形,在需要定义画笔的位置画出选区,然后在“编辑”菜单中选“定义画笔预设”命令,即定义了的画笔,以后在“画笔笔尖形状”中可以找到自己定义的画笔,使用时可以根据需要设置合适的直径、间距、颜色等。

例:将图 4-7a 中的向日葵作为画笔,在新文件中用此画笔(笔尖大小为 60)进行绘画。操作步骤为:

4-7a 原图

4-7b 结果图

图 4-7 自定义画笔例

1. 打开向日葵图片，用魔棒工具选出背景。
2. 选择“选择”→“反向”，选中向日葵。
3. 选择“编辑”→“定义画笔预设”→“确定”。
4. 新建文件。
5. 选画笔工具，选刚才定义的画笔，设置合适的大小和笔尖间距。
6. 在新文件中绘画。可选不同的前景色，得到不同颜色的向日葵。

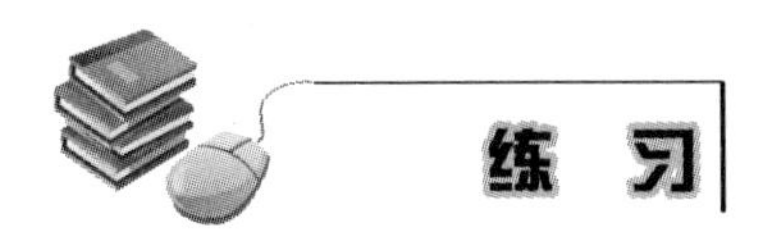

一、利用画笔的各种设置，完成图 4–8。

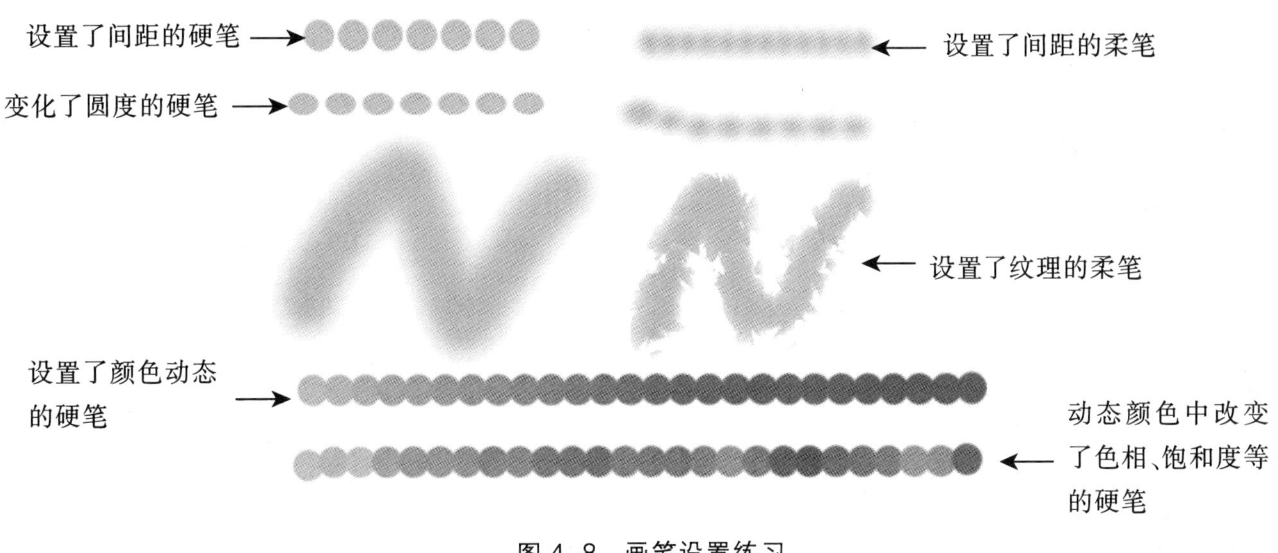

图 4–8　画笔设置练习

二、利用小鸭的头形作为画笔，画出图 4–9。

1. 打开小鸭文件；

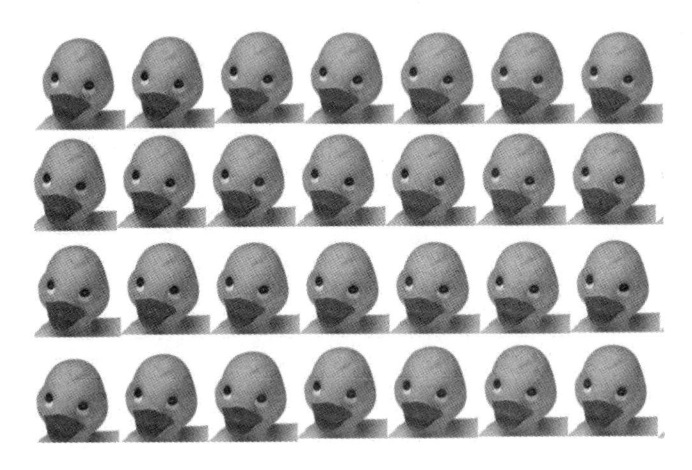

图 4–9　用小鸭画笔画出的图

图 4–10　用人物作为画笔画出的图

2. 在头形部分画一个矩形框；

3. 选择“编辑”菜单→“定义画笔预设”→“确定”；

4. 新建文件；

5. 选画笔工具，选小鸭画笔形状，主直径改为 68 像素；

6. 前景色改为红色；

7. 画出图 4–9。

三、利用智能对象.psd 图片，生成图 4–10。

提示：智能对象.psd 是多图层图像，要正确选择图层，复制到新的透明文件中，再将其设置为画笔预设。在画笔中要设置适当的间距和颜色动态。

第五章　渐变和油漆桶工具

一、渐变工具

渐变工具可以创建多种颜色间的逐渐混合，可以从预设渐变填充中选取或创建自己的渐变。渐变工具不能用于位图或索引颜色模式的图像。

使用线性渐变时，按下鼠标为起点，选渐变色框的最左边的颜色；放下鼠标为终点，选渐变色框最右边的颜色。使用径向渐变时，按下鼠标的点为圆心，它与释放鼠标的点之间的距离为半径。

（一）使用渐变工具

1. 若要填充图像的一部分，请选择要填充的区域。否则，渐变填充将应用于整个现用图层。

2. 选择渐变工具。

3. 在选项栏中选取渐变填充：

- 单击渐变样本旁边的三角形以挑选预设渐变填充。
- 在渐变样本内单击以查看“渐变编辑器”。选择预设渐变填充模式，或创建新的渐变填充，然后单击“确定”。
- “中灰密度”预设为日落，或者为其他对比度高的场景提供了有用的摄影滤镜。

（二）渐变工具选项栏

图 5-1　渐变工具选项栏

1. 渐变方式

线性渐变：以直线从起点渐变到终点。

径向渐变：以圆形图案从起点渐变到终点。

角度渐变：围绕起点以逆时针扫描方式渐变。

对称渐变：使用均衡的线性渐变在起点的任一侧渐变。

菱形渐变：以菱形方式从起点向外渐变。终点定义为菱形的一个角。

2. 其他参数的设置

- 模式：指定渐变的混合模式。

- 不透明度:指定渐变色的深浅。
- 反向:要反转渐变填充中的颜色顺序,请选择“反向”。
- 仿色:要用较小的带宽创建较平滑的混合,请选择“仿色”。
- 透明区域:要对渐变填充使用透明蒙版,请选择“透明区域”。

3. 将指针定位在图像中要设置为渐变起点的位置,然后拖动以定义终点。若要将线条角度限定为 45 度的倍数,请在拖动时按住“Shift”键。

(三) 渐变色的编辑

鼠标双击渐变色框,出现“渐变编辑器”,可以修改颜色和透明度(如图 5-2)。

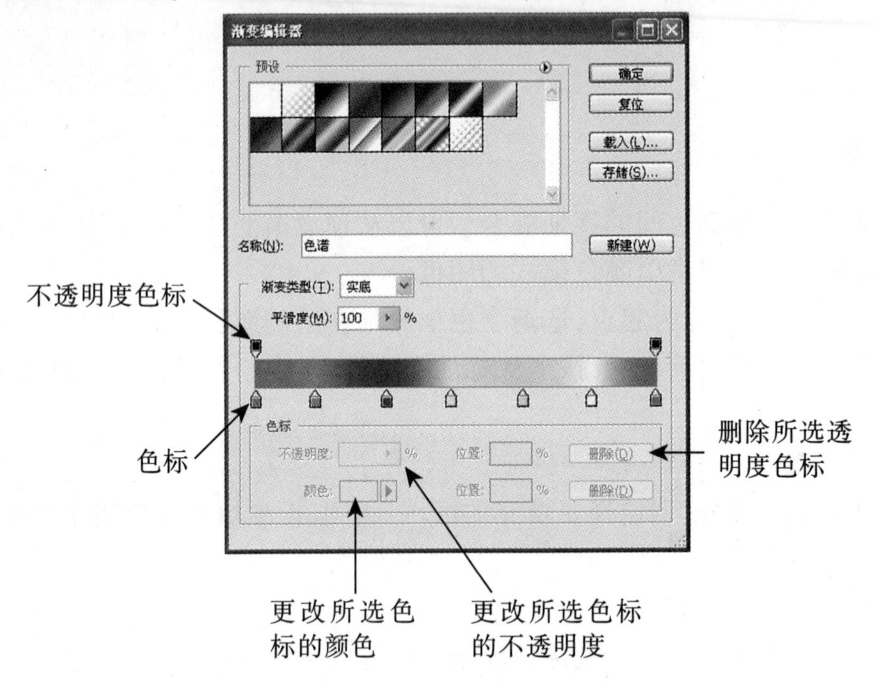

图 5-2　修改渐变颜色和透明度

鼠标右键点击渐变色框右边的小三角,可以追加渐变色或复位渐变色(如图 5-3)。

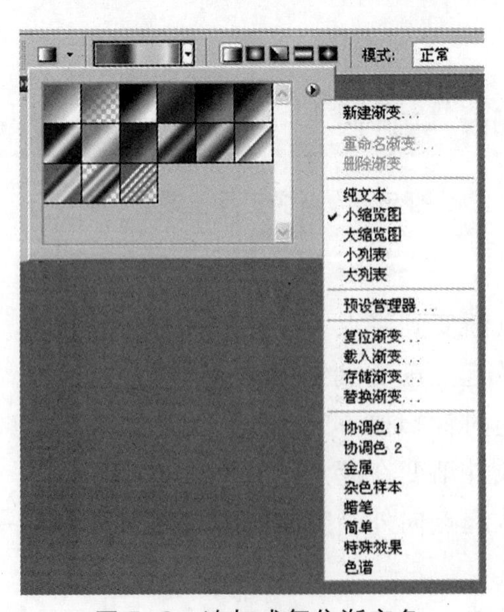

图 5-3　追加或复位渐变色

二、油漆桶工具

使用油漆桶工具，可以选择使用前景色或图案对图形进行填充。

图 5–4　油漆桶选项栏

使用渐变工具只要按下鼠标在图上或选区内拖动就完成了渐变色的填充，但油漆桶工具不同。如果原图或选区内是纯色，使用油漆桶相当于填充；如果原图或选区内不是纯色，则要看容差值；如果容差值很小，且选“连续的”，只有在鼠标按下处的颜色部位才能按油漆桶的设置改变颜色或图案；如果不选“连续的”，原图或选区内凡是和鼠标按下处颜色的容差值符合的部位，全部按油漆桶设置改变颜色或图案。如果容差值略大，则颜色要求不是很精确。

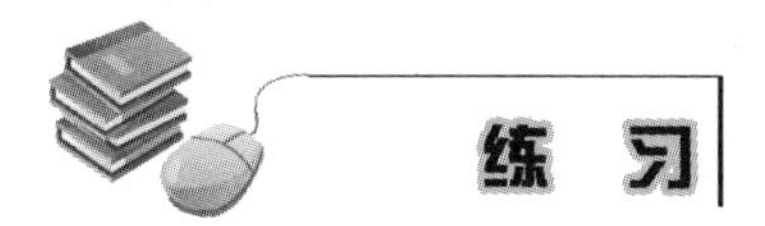

一、利用渐变工具完成图 5–5。

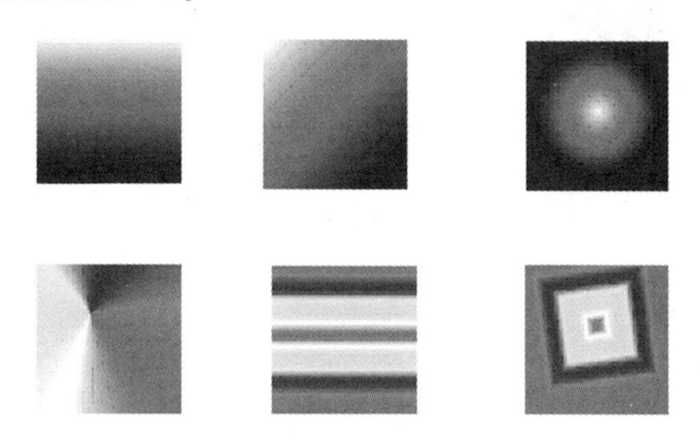

图 5–5　各种渐变方式的使用

二、利用径向渐变工具画彩虹(图 5–6)。

图 5–6　添加彩虹

1. 打开山丘文件；
2. 选择渐变工具；
3. 修改渐变色(单击渐变色框,修改颜色效果)；
4. 新建图层 1；
5. 利用径向渐变在山丘文件的图层 1 选定的位置作渐变；
6. 将羽化值改为 20；
7. 利用套索选择工具在彩虹的多余部分画出选区；
8. 用“Delete”键删除多余部分,改变图层1的透明度(70%)。

三、利用油漆桶工具改变图5-7a中花的颜色,得到图5-7b。

5-7a 原图

5-7b 结果图

图 5-7 改变花的颜色

第六章　文字工具

一、文字和文字图层

当创建文字时,“图层”面板中会添加一个新的文字图层。

多通道、位图或索引颜色模式的图像无法创建文字图层,因为这些模式不支持图层。在这些模式中,文字将以栅格化文本的形式出现在背景上。

创建文字图层后,可以编辑文字并对其应用图层命令。如果在对文字图层进行了需要栅格化的更改之后,Photoshop CS4 会将基于矢量的文字轮廓转换为像素。栅格化文字不再具有矢量轮廓并且不能再作为文字进行编辑。栅格化文字后(选“图层”→“栅格化”→“文字”)实际上把文字层转换为普通图层了。

对文字进行了方向的更改,或点文字和段落文字的转换,或使用了“编辑”菜单“变换”中除“扭曲”和“透视”外的命令,不会改变文字的特性,仍能编辑文字,仍能使用文字变形选项。

要使文字图层具有普通图层的功能,必须首先栅格化此文字图层。

当选择了文字工具后,必须对文字选项栏进行设置。

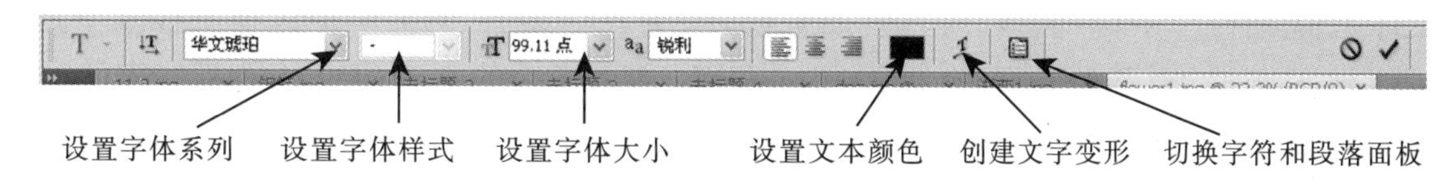

图 6–1　文字选项栏

二、创建文字

(一) 文字工具组的文字输入选项

工具栏T是文字输入工具,其中分 4 种工具:横排文字工具T、直排文字工具IT、横排文字蒙版工具T和直排文字蒙版工具IT。

(二) 创建文字的方法

创建文字的方法有 3 种:在点上创建、在段落中创建和沿路径创建。

1. 点文字:是一个水平或垂直文本行,从在图像中单击的位置开始。要向图像中添加少量文字,在某个点输入文本是最常用的方式。

当输入点文字时,每行文字都是独立的,一行的长度随着编辑增加或缩短,但不会换行。具体操作为:

(1) 选择横排文字工具T或直排文字工具IT。

(2) 在图像中单击,为文字设置插入点。I 型光标中的小线条标记的是文字基线(文字所依托的假想线条)的位置。对于直排文字,基线标记的是文字字符的中心轴。

(3) 在选项栏、“字符”面板或“段落”面板中选择其他文字选项。

(4) 输入字符。若要开始新的一行,需按“Enter”键。

可以在编辑模式下变换点文字。按住“Ctrl”键,文字周围将出现一个外框后,可以抓住手柄缩放或倾斜文字,或旋转外框。

(5) 输入或编辑完文字后,执行下列操作之一:

- 单击选项栏中的“提交”按钮。
- 按数字键盘上的“Enter”键。
- 按“Ctrl”+“Enter”组合键。
- 选择工具箱中的任意工具,在“图层”、“通道”、“路径”、“动作”、“历史记录”或“样式”面板中单击,或者选择任何可用的菜单命令。

2. 段落文字:使用以水平或垂直方式控制字符流的边界。当想要创建一个或多个段落(比如为宣传手册创建)时,采用这种方式输入文本十分有用。

输入段落文字时,文字基于外框的尺寸换行。可以输入多个段落并选择段落调整选项。如果调整了外框的大小,将使文字在调整后的矩形内重新排列。可以在输入文字时或创建文字图层后调整外框;也可以使用外框来旋转、缩放和斜切文字。具体操作为:

(1) 选择横排文字工具T或直排文字工具↓T。

(2) 执行下列操作之一:

- 沿对角线方向拖动,为文字定义一个外框。
- 单击或拖动时按住“Alt”键,以显示“段落文本大小”对话框。输入“宽度”值和“高度”值,并单击“确定”。

(3) 在选项栏、“字符”面板、“段落”面板或“图层”→“文字”子菜单中选择其他文字选项。

(4) 输入字符。要开始新段落,请按“Enter”键。如果输入的文字超出外框所能容纳的大小,外框上将出现溢出图标 ⊞。

(5) 如果需要,可调整外框的大小,旋转或斜切外框。

(6) 确认文字输入[同 1 中的(5)]。

(7) 调整文字外框的大小或变换文字外框。

显示段落文字的外框手柄。在文字工具T处于现用状态时,选择“图层”面板中的文字图层,并在图像的文本流中单击。

3. 路径文字:是指沿着开放或封闭路径的边缘流动的文字。当沿水平方向输入文本时,字符将沿着与基线垂直的路径出现;当沿垂直方向输入文本时,字符将沿着与基线平行的路径出现。在任何一种情况下,文本都会按照将点添加到路径时所采用的方向排列。

如果输入的文字超出段落边界或沿路径范围所能容纳的大小,则边界的角上或路径端点处的锚点上将不会出现手柄,取而代之的是一个内含加号(+)的小框或圆。

沿路径创建文本的操作方法如下:

(1) 用钢笔工具在图像上需要创建路径文本的位置画出路径。

(2) 选择文字工具,选用“横排文字工具”或“直排文字工具”,然后将鼠标移到事先画好的路径起点附近。这时鼠标指针变成文字工具基线指示器,如图 6–2 所示。然后在准备输入文字

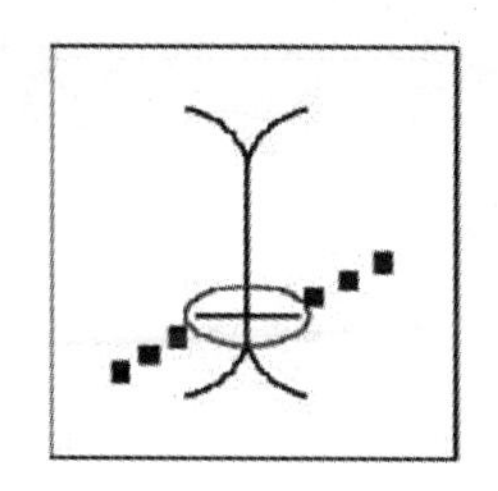

图 6-2 文字工具基线指示器

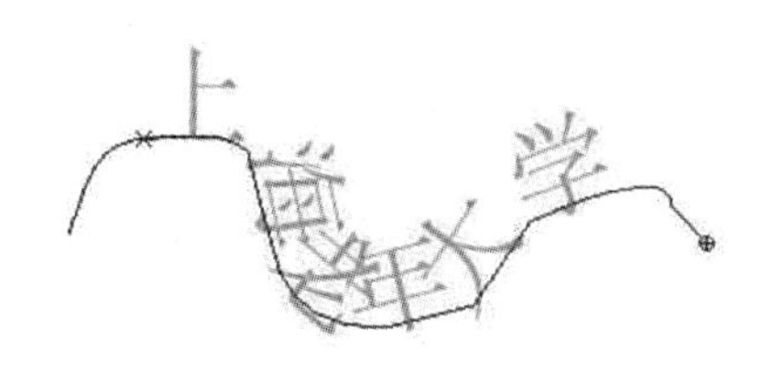

6-3a 使用横排文字工具

6-3b 使用直排文字工具

图 6-3 沿路径输入文字

的位置单击鼠标左键。单击后,路径起点上会出现一个文字输入光标。

(3) 为了更大程度地控制文字在路径上的垂直对齐方式,可使用“字符”面板中的“基线偏移”选项。例如,在“基线偏移”文本框中键入负值可使文字的位置降低。

(三) 在点文字与段落文字之间转换

可以将点文字转换为段落文字,以便在外框内调整字符排列;或者可以将段落文字转换为点文字,以便使各文本行彼此独立地排列。将段落文字转换为点文字时,每个文字行的末尾(最后一行除外)都会添加一个回车符。

1. 在“图层”面板中选择“文字”图层。

2. 选取“图层”→“文字”→“转换为点文本”,或“图层”→“文字”→“转换为段落文本”。

将段落文字转换为点文字时,所有溢出外框的字符都被删除。要避免丢失文本,请调整外框,使全部文字在转换前都可见。

三、文字效果

为了使创建的文字有艺术性,可以对文字执行各种操作以更改其外观。例如,可以使文字变形、将文字转换为形状或向文字添加投影。

(一) 使用变形文字工具(图 6-4)

1. 在“图层”面板中选中文字层。

2. 在工具栏中选文字工具。

3. 在文字的选项栏中选变形文字工具。

4. 在样式中选自己喜欢的形状,比如扇形、旗帜形状。

5. 每一种形状还可以按需要进行弯曲度等的调整。

(二) 利用动作面板中的文字效果

可以产生投影、空心字、光晕等效果。

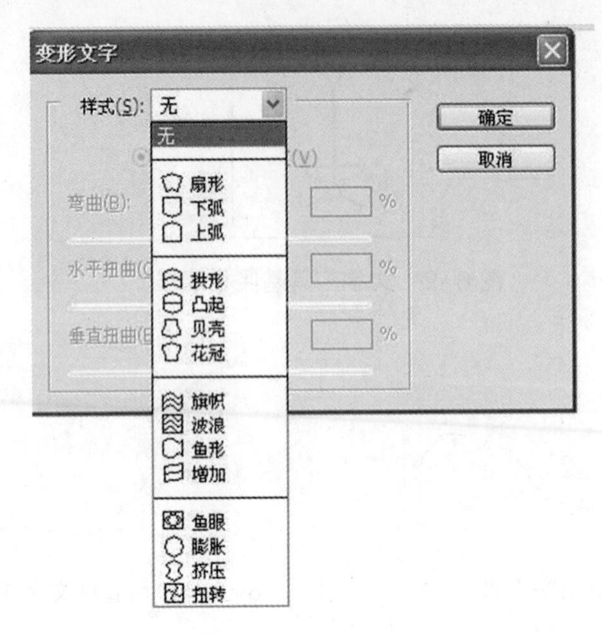

图 6–4　用变形文字工具选择文字形状

(三) 将文字转换为形状

选“图层”→“文字”→“转换为形状”。

(四) 用图像填充文字

通过将剪贴蒙版应用于“图层”面板中位于文本图层上方的图像图层，可以用图像填充文字，操作方法是：

1. 在工具箱中选择横排文字工具**T**或直排文字工具**↓T**。
2. 输入文字，尽量选用比较粗的文字字体，比如“华文琥珀”。
3. 退出输入状态。
4. 打开要在文本内部使用的图像的文件。
5. 将图像移到文字文件的最上层。
6. 在图像图层处于选中状态时，选取“图层”→“创建剪贴蒙版”，图像将出现在文本内部。
7. 选择移动工具，然后拖动图像以调整它在文本内的位置，或移动文本的位置。

练　习

一、输入文字，并制作一定的文字效果，如图 6–5。

PHOTOSHOP

图 6–5　图像填充文字效果

参考操作：

1. 输入文字“PHOTOSHOP”,形状选“旗帜”形；
2. 输入文字“学习班”；
3. 打开图像图片,将图像移到文字层的上面,形成图层 1；
4. 选“图层→创建剪贴蒙版”,图像就填充到学习班文字中。

二、输入文字,并产生渐变效果,如图 6-6。

图 6-6　渐变文字

参考操作：

1. 输入文字,选“旗帜”形；
2. 将文字层栅格化；
3. 选中文字,用渐变色填充文字。

三、输入文字,并创建画笔后产生如下效果。

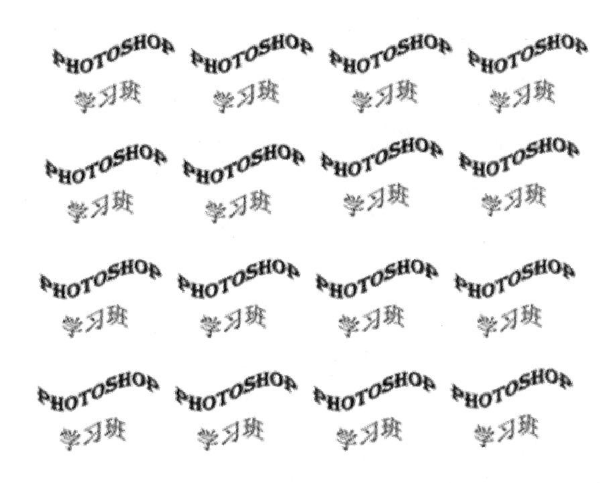

图 6-7　利用创建的画笔填充效果

四、沿路径输入文字,如图 6-8:沿路径分别用横排文字工具和直排文字工具输入文字。

图 6-8　路径文字

第七章　仿制图章工具和图案图章

一、仿制图章工具

仿制图章工具将图像的一部分绘制到同一图像中，或绘制到具有相同颜色模式的任何打开的文档中；也可以将一个图层的一部分绘制到另一个图层。仿制图章工具主要用于复制对象或修补图像中的缺陷。Photoshop Extended 也可以使用仿制图章工具在视频帧或动画帧上绘制内容。

要使用仿制图章工具，先在要拷贝（仿制）像素的区域上设置一个取样点（用“Alt”键+鼠标点击源），并在另一个区域上绘制。如果在选项栏中选择“对齐”选项，则停止绘制后再重新继续绘制的话，会按原来停止的部位继续绘制下去。取消选择“对齐”选项，则停止绘制后再重新继续绘制的话，将从初始取样点开始绘制，而与停止并重新开始绘制的次数无关。

仿制图章工具可以使用任意的画笔笔尖形状，以及对直径的大小、不透明度和流量进行设置，这样在仿制过程中可以控制仿制区域的大小。图 7-1 为仿制图章工具选项栏。

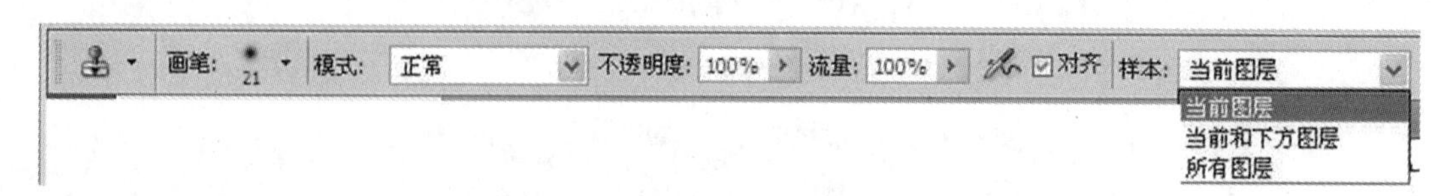

图 7-1　仿制图章工具选项栏

用仿制图章工具修改图像的步骤为：

1. 选择仿制图章工具。

2. 在选项栏中，选择画笔笔尖，并设好模式、不透明度和流量等选项。

3. 要指定如何对齐样本像素以及如何对文档中的图层数据取样，请在选项栏中设置以下任一选项：

• 对齐：选择“对齐”，连续对像素进行取样，即使释放鼠标按钮，也不会丢失当前取样点。如果取消选择“对齐”，则会在每次停止并重新开始绘制时使用初始取样点中的样本像素。

• 样本：从指定的图层中进行数据取样。要从现用图层及其下方的可见图层中取样，请选择“当前和下方图层”。要仅从现用图层中取样，请选择“当前图层”。要从所有可见图层中取样，请选择“所有图层”。要从调整图层以外的所有可见图层中取样，请选择“所有图层”，然后单击“取样”弹出式菜单右侧的“忽略调整图层”图标。

4. 可通过将指针放置在任意打开的图像中，然后按住“Alt”键并单击来设置取样点。

5.（可选）选择“窗口”→“仿制源”，打开“仿制源”面板，单击“仿制源”按钮并设置其他取样点。最多可以设置5个不同的取样源。“仿制源”面板将存储样本源,直到关闭文档。

6.（可选）要选择所需样本源,请单击“仿制源”面板中的“仿制源”按钮。图7-2为“仿制源”窗口。（可选）在“仿制源”面板中执行下列任一操作：

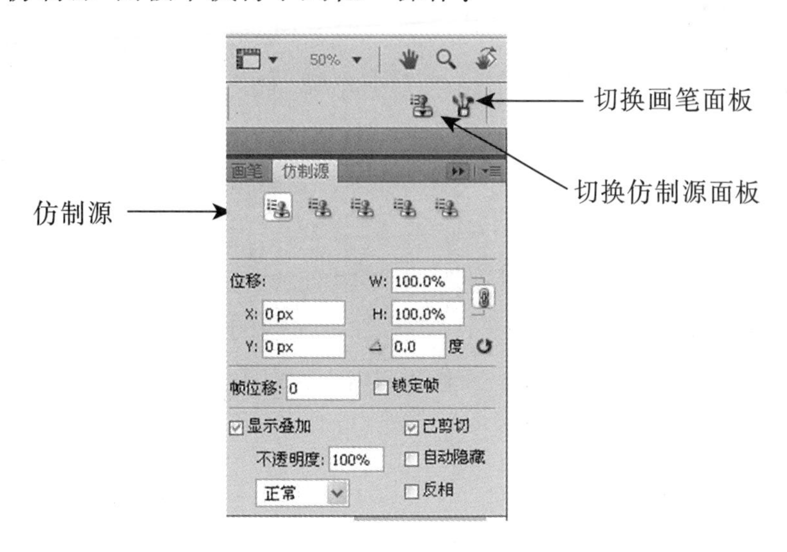

图 7-2 “仿制源”窗口

●要缩放或旋转所仿制的源,请输入W（宽度）或H（高度）的百分比,或输入旋转角度（负的宽度和高度值会翻转源）。

●要显示仿制的源的叠加,请选择“显示叠加”并指定叠加选项。

启用“剪切”选项时,可以将“叠加”剪贴到画笔大小。

7. 在要校正的图像部分上拖移。

二、图案图章工具

图案图章工具可选需要的图案在纸上涂抹，其选项栏和仿制图章工具相仿,但没有样本选项,多了图案选项和印象派效果选择。使用图案图章工具的操作步骤为：

1. 选择图案图章工具。

2. 选需要的图案。

3. 选择画笔大小。

4. 选择模式、流量、不透明度等。选择不同的模式,效果是不同的。模式的选项类似于图层的混合模式。

例：不同模式的图案图章的效果（图7-3）。

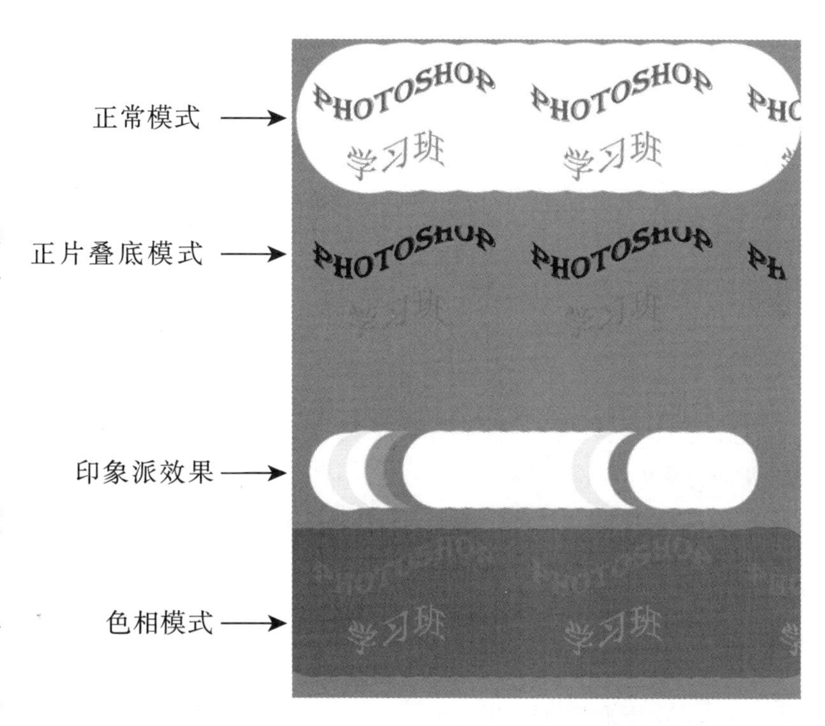

图 7-3 不同模式的图案图章

练　习

一、利用图章工具，在一个新文件中画出多个小鸭，如图 7–4。

操作步骤：

1. 新建文件(注意模式及内容)；
2. 打开小鸭.tif 文件；
3. 选中图章工具中的仿制图章工具，按“Alt”键和鼠标左键，定位复制的起始位置；
4. 设置合适的画笔直径，在新建的文件中按图 7–3 中的位置进行涂抹；
5. 重复上面步骤 3 和 4，达到如图 7–4 的效果。

二、图案图章工具的应用(图 7–5)。

图 7–4 用图章工具画小鸭

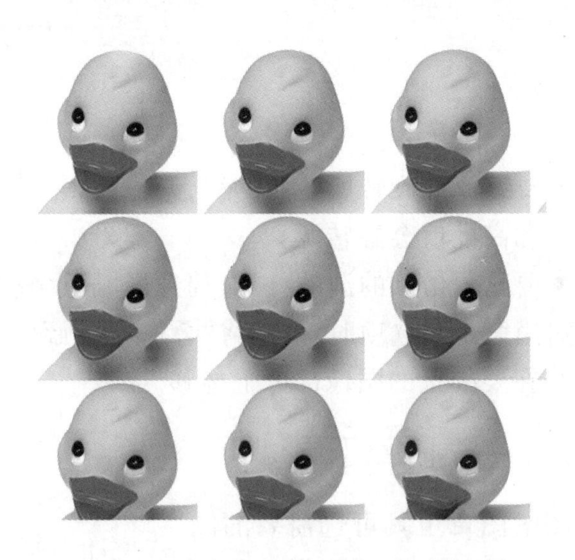

图 7–5 用图案图章工具画小鸭

操作步骤：

1. 打开小鸭.tif 文件；
2. 选中小鸭的部分(利用矩形选择工具)，“编辑”菜单→“定义图案”→“确定”；
3. 新建文件(注意模式及内容)；
4. 选图章工具→图案图章工具，选择自定义的小鸭图案→选择合适的画笔在新文件上涂抹，达到图 7–5 的效果。

三、利用文字工具、图章工具、油漆桶工具生成图 7–6。

参考操作：

1. 输入文字，选择旗帜形状；
2. 在文字四周画一个矩形选择框，定义为图案；
3. 新建文件，填充为蓝色；

4. 用图案图章工具选刚才的图案在图纸上画；或利用油漆桶工具选图案倒在图纸上，可以反复倒多次。

图 7–6　题三样张

四、完成图7–7的修正，把多余人物删除。

图 7–7　删除人物

操作提示：

用仿制图章工具取样，在要删除的人物上涂抹。

五、完成图7–8中人物的仿制。

图 7–8　添加人物

参考操作：

1. 新建图层；
2. 利用仿制图章工具在图层1上画出人物；
3. 将图层1中的人物水平翻转。

第八章　钢笔工具

Photoshop CS4 提供了多种钢笔工具:钢笔工具、自由钢笔工具、添加/删除锚点工具和转换点工具、自定义形状工具。标准钢笔工具可用于绘制具有最高精度的图像;自由钢笔工具可以随意地绘制曲线路径或不规则的图形;添加/删除锚点工具主要用于修改现形状,增加转折点和删除转折点;转换点工具则用于将角点转换为圆弧,或将圆弧转换为角点。自定义形状中预设了很多形状供用户追加使用。磁性钢笔选项可用于绘制与图像中已定义区域的边缘对齐的路径。可以组合使用钢笔工具和形状工具以创建复杂的形状。使用标准钢笔工具时,选项栏中提供了以下选项:

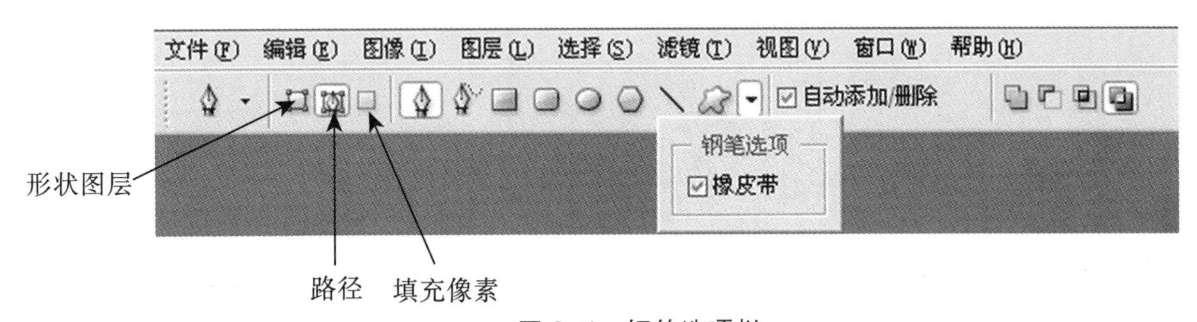

图 8-1　钢笔选项栏

● 形状图层：利用形状图层选项来绘制的路径是一个有颜色的闭合图形，并自动生成图层。可以在选项栏中选取需要填充的颜色或所需要的样式。

● 路径:利用路径选项来绘制路径,主要用于定义形状的轮廓,必须将其转换为选区填充,或对路径进行描边后才能形成图形,否则保存下来的将是空文件。

● 填充像素：此选项只适用于自定义形状的绘制，使用此选项可以直接用前景色绘制图形。

● "自动添加/删除"选项:此选项可在单击线段时添加锚点,或在单击锚点时删除锚点。

● "橡皮带"选项:此选项用于在移动指针时预览两次单击之间的路径段。

使用钢笔工具进行绘图之前,可以在"路径"面板中创建新路径,以便自动将工作路径存储为命名的路径。

一、用钢笔工具绘制直线、曲线

通过两次单击钢笔工具创建两个锚点,这两个锚点就连接成一条直线。继续单击可创建由角点连接的直线段组成的路径。

如果在直线中按住鼠标左键往需要的位置拖动,或按住第二个锚点不放,拖动锚点,均可形成曲线。

二、用自由钢笔工具绘图

自由钢笔工具主要用于绘制随意的图形，在绘图时将自动添加锚点。完成路径后可进一步对其进行调整，比如删除锚点、添加锚点，按住锚点拖动，都可以改变曲线形状。操作步骤为：

1. 选择自由钢笔工具。

2. 要控制最终路径对鼠标或光笔移动的灵敏度，请单击选项栏中形状按钮旁边的小三角，然后为“曲线拟合”输入介于 0.5 到 10.0 像素之间的值。此值越高，创建的路径锚点越少，路径越简单。见图 8-2。

图 8-2　曲线拟合

3. 按下鼠标左键在图像中按照需要的曲线形状拖动。拖动时，会有一条路径尾随指针。释放鼠标，工作路径即创建完毕。

4. 将钢笔指针定位在路径的一个端点，然后拖动可以继续创建现有手绘路径。

5. 当钢笔指针拖动到路径的初始点时，会在指针旁出现一个圆圈，此时释放鼠标即完成了封闭的曲线路径。

三、添加或删除锚点

如要改变曲线或直线的形状，可以用添加锚点或删除锚点的方法。

1. 选择要修改的路径。

2. 选择钢笔工具中添加锚点工具或删除锚点工具。

3. 若要添加锚点，请将指针定位到路径段的上方，然后单击。若要删除锚点，请将指针定位到锚点上，然后单击。

四、在平滑点和角点之间进行转换

1. 选择要修改的路径。

2. 选择转换点工具，或使用钢笔工具并按住“Alt”键。

3. 将转换点工具放置在要转换的锚点上方,然后执行以下操作之一:

● 要将角点转换成平滑点,请向角点外拖动,使方向线出现。如图 8-3 所示。

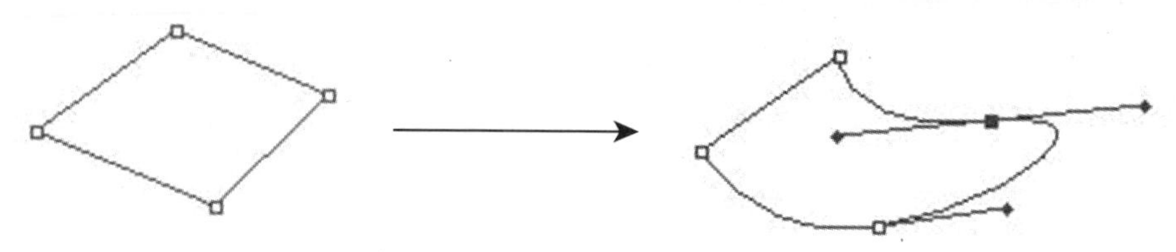

图 8-3　角点转换成平滑点

● 单击平滑点以创建角点:要将没有方向线的角点转换为具有独立方向线的角点,先要产生具有方向线的平滑点,然后拖动任一方向点形成角点,如图 8-4。如果要将平滑点转换成具有独立方向线的角点,使用转换点工具后单击任一方向点,如图 8-5。

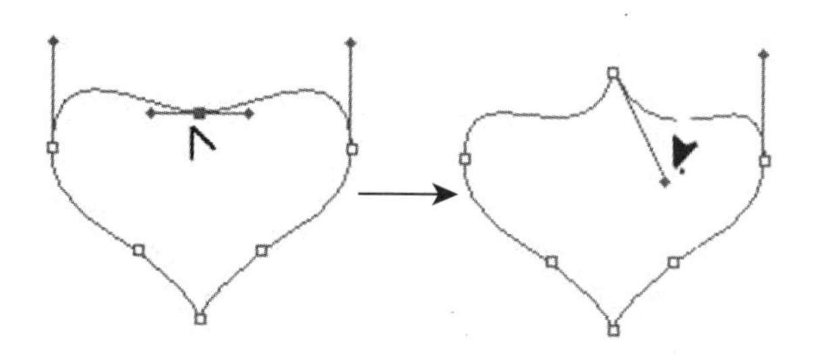

图 8-4　单击平滑点以创建角点

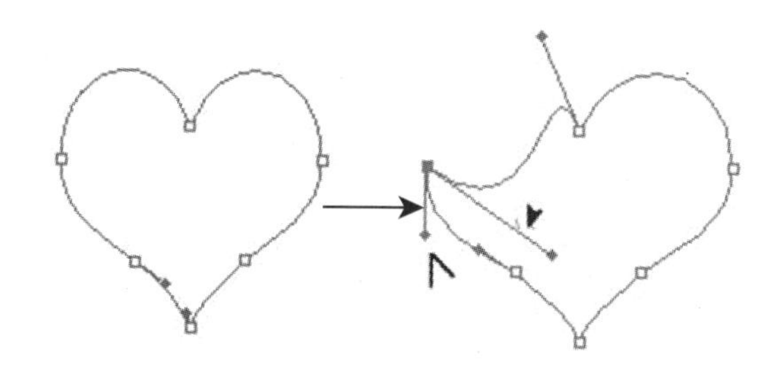

图 8-5　将平滑点转换为角点

五、“路径”面板

使用钢笔工具创建的路径只有在经过描边或填充处理后,才会成为图素。

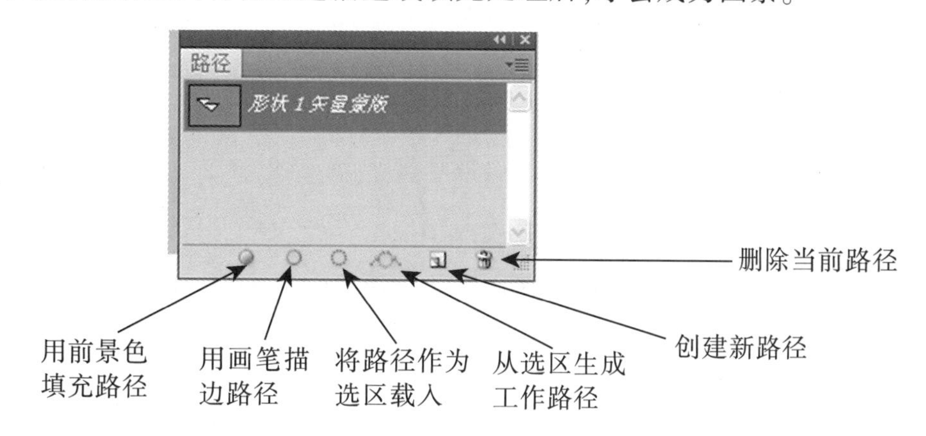

图 8-6　“路径”面板

(一) 将路径转换为选区的操作:

1. 在“路径”面板中选择路径。

2. 要转换路径,请执行下列任一操作:

● 单击“路径”面板底部的“将路径作为选区载入”按钮。

● 按住“Ctrl”键,并单击“路径”面板中的路径缩览图。

转换为选区后，可以利用填充命令、渐变工具、油漆桶等给选区填充颜色。

(二) 描边路径

“描边路径”命令用于绘制路径的边框，可以沿任何路径创建绘画描边(使用绘画工具的当前设置)。这和“描边”图层的效果完全不同，它并不模仿任何绘画工具的效果。具体操作为：

1. 选择合适的画笔形状，并按需要在画笔面板中进行相应的设置，比如动态画笔、笔尖形状。

2. 设置前景色，如果需要动态颜色，则还需设置背景色。

3. 在“路径”面板中选择路径。

4. 单击“路径”面板底部的“描边路径”按钮。每次单击“描边路径”按钮都会增加描边的不透明度，这在某些情况下会使描边看起来更粗。

六、自定义钢笔形状工具

形状钢笔工具有矩形、圆角矩形、椭圆、多边形、直线和自定义工具。自定义工具可以添加很多形状。图 8-7 为自定义钢笔形状窗口。

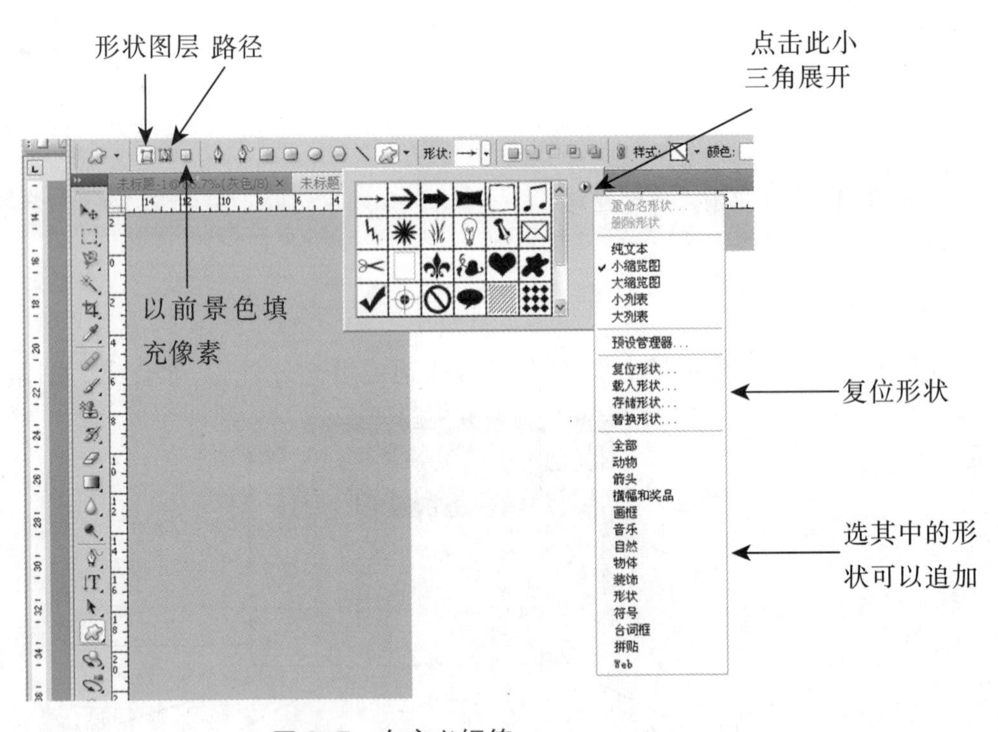

图 8-7　自定义钢笔

注意：使用钢笔工具时，还要正确选择使用形状图层方式、路径还是填充像素(限于自定义形状)。如果是形状图层，会自动生成图层，你还要选择颜色或样式。如果选择路径，则要转换为选区，并对选区进行颜色处理。由于路径方式不会自动生成图层，进行颜色处理前要新建图层。填充像素直接以前景色生成图形，但也不会自动生成图层。有必要先新建图层，再使用填充像素方式。

例：用钢笔工具设计图 8-8 花朵。

1. 用钢笔路径工具画出 5 个锚点组成的五边形如图 8-8a。

2. 在每边的中点添加锚点，用直接选择工具拖动锚点，如图 8-8b。

3. 在“路径”面板将路径转换为选区，如图 8-8c。

4. 新建图层，用径向渐变工具填充，如图 8-8d。

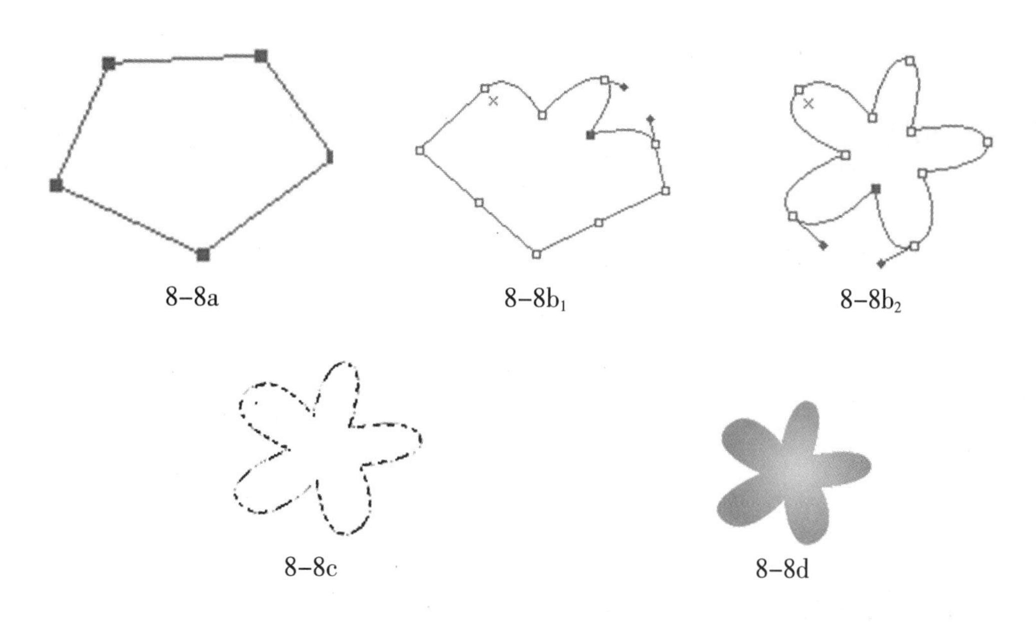

图 8-8 用钢笔工具设计花朵

练 习

一、图层样式的选用练习(图 8-9)。

图 8-9 图层样式练习

操作步骤：

1. 新建文件；

2. 选用钢笔工具的形状图层方式；

3. 选用适当图案样式；

4. 画出图 8-9。

二、用路径方式画出上述图8-8(操作过程参考例题)。

三、用填充像素方式画出喜欢的自定义图案。

四、钢笔工具及转换点工具的练习：制作一个花瓶(图8-10)。

8-10a　瓶口

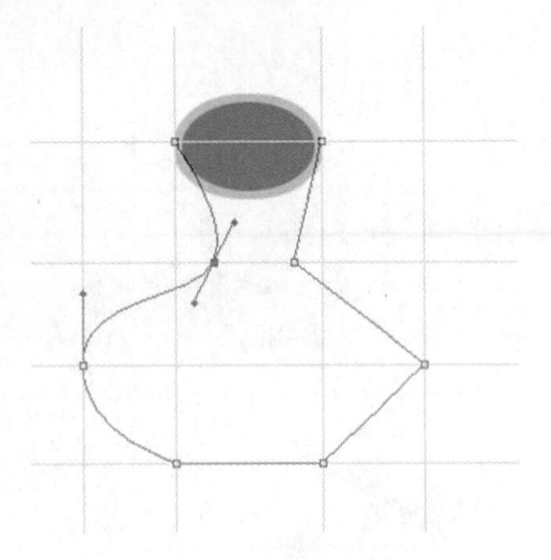

8-10b　部分使用了转换点工具

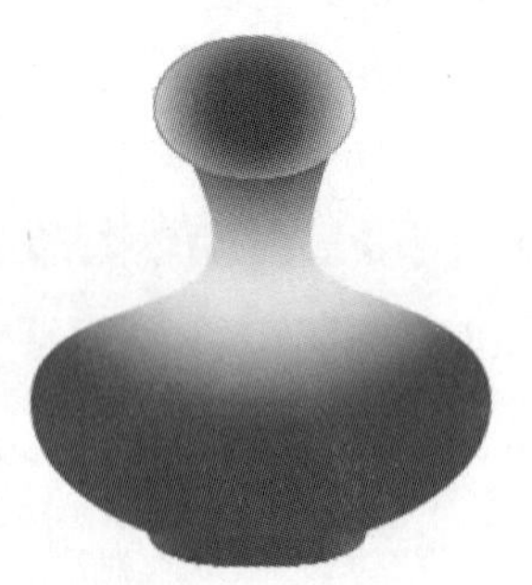

8-10c　结果图

图 8-10　花瓶设计

操作步骤：

1. 新建文件；

2. 利用椭圆选择工具画出瓶口；

3. 选“图层”菜单→“新建”→“图层”，得到图层 1(瓶口)；

4. 选“编辑”菜单→“填充”→50%灰色，“不透明度”选 100%；

5. 选“选择”菜单→“修改”→“扩展”，输入 4，使瓶口产生一定的厚度，选“编辑”菜单→“填充”→50%灰色，“不透明度”选 40%，如图 8-10a；

6. 显示标尺，画出参考线，如图 8-10b；

7. 利用钢笔工具画出瓶身，利用转换点工具使瓶身的弧度和谐，如图 8-10b 的左半部已使用了转换点工具；

8. 选“图层”菜单→新建图层，得到图层 2；

9. 在“路径”面板窗口中选择路径命令，用“Ctrl”键 + 点击瓶身(或选将路径转换为选区)，选中的瓶身作为新图层；

10. 利用渐变工具产生如图 8-10c 的效果；

11. 利用同样的方法画出瓶底；

12. 利用渐变工具产生如图 8-10c 的效果；

13. 选中瓶口图层，利用渐变工具产生如图 8-10c 的效果。

五、绘制项链(图 8-11)。

1. 新建黑色的文件；

2. 新建图层，前景色为白色；

3. 用自由钢笔工具画出路径；

4. 设置画笔(笔尖形状、间距)；

5. 用画笔描边路径。

六、完成图 8-12 的设计。

操作步骤：

1. 新建文件；

2. 填充适当的颜色；

3. 选择矩形选择工具→固定大小→宽约等于文件的宽，高为 4 像素；

4. 新建图层；

5. 在新图层上画出 5 个矩形(作为五线谱，要用添加方式画)→对 5 个矩形进行渐变；

6. 利用自定义形状工具→画出音乐符号(如果用路径，则在路径面板将其转换为选区，然后进行渐变；如果用图形形状，则先选好颜色、再逐个画不同颜色的音乐符号)；

图 8–11　珍珠项链

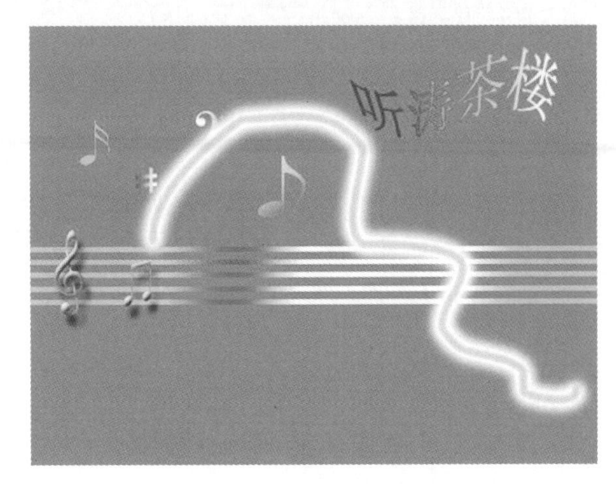

图 8–12　钢笔工具综合应用

7. 用钢笔工具画出自由的线条(作为霓虹灯管);
8. 选适当的画笔笔触及前景色→对路径进行描边(稍粗);
9. 再选适当的画笔笔触及前景色→对路径进行描边(稍细);
10. 删除路径;
11. 利用文字工具→输入:听涛茶楼→选自己喜爱的形状;
12. 如果要使文字颜色丰富的话:

(1) 文字删格化:图层菜单→删格化→文字;

(2) 用“Ctrl”键 + 单击文字层→渐变。

第九章 蒙版及快速蒙版

蒙版能使图像的某一部分被隐藏(未选中的部分),某一部分被显示(选中的部分)。所以当选择某个图像的部分区域时,可以利用蒙版使未选中区域“被蒙版”或受保护以免被编辑。比如要改变图像某个区域的颜色,或者要对该区域应用滤镜或其他效果,并且要隔离和保护图像的其余部分时可使用蒙版;也可以在进行复杂的图像编辑时使用蒙版,比如将颜色或滤镜效果逐渐应用于图像。

9-1a 原图

9-1b 花朵被隐藏

9-1c 背景被隐藏

图 9-1 蒙版效果

在图 9-1a 中,选择了背景,然后用“图层”面板下的“添加矢量蒙版”命令,得到图 9-1b,此时花被隐藏。反选图 9-1a 的选区后再用“图层”面板下的“添加矢量蒙版”命令,得到图 9-1c,此时背景被隐藏。

蒙版存储在 Alpha 通道中。蒙版和通道都是灰度图像,因此可以使用绘画工具、编辑工具和滤镜像编辑任何其他图像一样对它们进行编辑。在蒙版上用黑色绘制的区域将会受到保护,因为黑色代表透明;而蒙版上用白色绘制的区域是可编辑区域。当回到 RGB 通道,载入 Alpha 通道时,则可以看到 Alpha 通道中的白色部分作为选区被载入。

使用快速蒙版模式可将选区转换为临时蒙版以便更轻松地编辑。快速蒙版将作为带有可调整的不透明度的颜色叠加出现。可以使用任何绘画工具编辑快速蒙版或使用滤镜进行修改。退出快速蒙版模式之后,蒙版将转换为图像上的一个选区。快速蒙版可以作为选择区域的工具使用。进入快速蒙版，用画笔在需要选择的区域涂抹。退出快速蒙版后，可以看到画笔画过的区域外形成了选区。利用“选择”菜单下的“反向”命令，则选中了刚才画笔画过的区域。

要更长久地存储一个选区，可以将该选区存储为 Alpha 通道。Alpha 通道将选区存储为“通道”面板中的可编辑灰度蒙版。一旦将某个选区存储为 Alpha 通道，就可以随时重新载入该选区或将该选区载入到其他图像中。

某个图层添加了蒙版图层，可以用黑白渐变色编辑蒙版图层。黑色使当前图层透明，可以看到下面图层的内容；白色则保留图层的内容。也可以用黑色画笔涂抹蒙版图层，擦除此图层中不需要的内容。

练　习

一、完成图 9-2，将荷花的部分背景朦胧。

9-2a　9-1.jpg

9-2b　9-2.jpg

图 9-2　蒙版应用(1)

操作步骤：

1. 打开图 9-2a，即 9-1.jpg；

2. 复制背景层；

3. 将背景层填充为粉红色；

4. 利用椭圆选框工具，羽化值为30，在背景副本层中画一个椭圆框；

5. 按一下“图层”面板中的“添加矢量蒙版”按钮，得到 9-2b，即 9-2.jpg。

二、完成图 9-3。

操作步骤：

1. 打开山丘和老鹰图片；

2. 选出老鹰，移到山丘中，改变至

图 9-3　蒙版应用(2)

合适大小；

3. 添加矢量蒙版；

4. 在老鹰上进行黑白渐变，黑色的作用是透明的，白色是保留。

三、撕纸效果(图 9–4)。

操作步骤：

1. 打开图片 9–4a.jpg；

2. 任意绘制一个选区；

3. 进入快速蒙版模式编辑状态；

4. 选择“滤镜”→“像素化”→“晶格化”，单元格大小选 14，制作出碎边的效果；

5. 退出快速蒙版，进入标准编辑状态；

6. 对选出的部分作适当的移动和旋转，完成一片碎纸片；

7. 用相同的方法制作另外几片，如图 9–4b。

9–4a 原图　　9–4b 结果图

图 9–4 撕纸效果

四、制作邮票边缘效果(图 9–5)。

操作步骤：

1. 打开图片 9–4a.jpg；

9–5a 原图　　9–5b 结果图

图 9–5 邮票边缘效果

2. 用矩形选框工具选出图片；

3. 选择“选择”菜单→“修改”→“收缩”，收缩量设为 6 像素；

4. 选择“选择”菜单→“反向”，选中外框；

5. 进入快速蒙版模式编辑状态；

6. 选择“滤镜”→“像素化”→“晶格化”，单元格大小选20，制作出碎边的效果；

7. 退出快速蒙版，进入标准编辑状态；

8. 选择“编辑”→“填充”，选白色，取消选区。

第十章 动 作

动作是指在单个文件或一批文件上执行的一个或几个操作,这些操作可以是菜单命令、面板选项或工具动作等。例如,有一个动作,首先更改图像大小,并对图像应用曲线效果,然后给图像加上画框后存储文件,这就是在文件上执行了多个操作,其中更改图像大小、对图像应用曲线效果、存储文件是用菜单命令实现的,而给图像加上画框则是用“动作”面板中的选项实现的。

Photoshop CS4 中安装了预定义的动作以方便用户操作。用户可以按原样使用这些预定义的动作,也可以根据需要来自定义,或者创建新动作。

预定义的动作包括:图像效果、画框、文字效果、纹理,可以按需要载入或删除。载入后只要打开某个预定义动作文件夹,选择一个具体的命令,按“播放”按钮执行就可以了。比如要给图片加木质画框,只要先打开图片,然后打开预定义的画框文件夹,选木质画框命令,再按“播放”按钮,则图片四周就加上了木质画框。

用户可以记录、编辑、自定义和批处理动作,也可以使用动作组来管理各组动作。

一、动作面板

使用“动作”面板(“窗口”→“动作”)可以记录、播放、编辑和删除各个动作。此面板还可以用来存储和载入动作文件。

在“动作”面板中单击组、动作或命令左侧的三角形。按住“Alt”键并单击该三角形,可以展

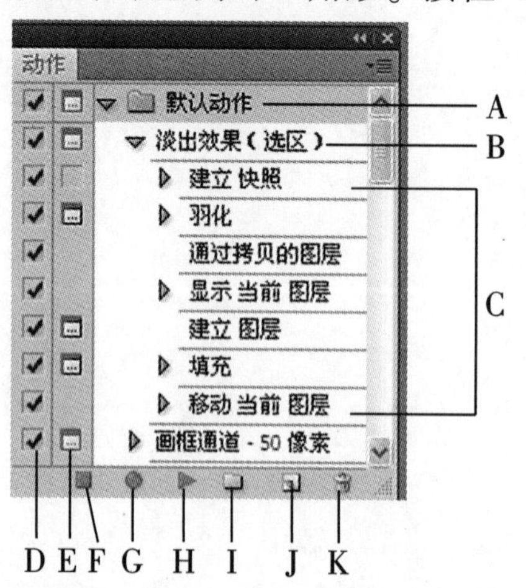

图 10-1 Photoshop 动作面板

A:动作组 B:动作 C:已记录的命令 D:包含的命令 E:模态控制(打开或关闭) F:停止播放/记录 G:开始记录 H:播放选定的动作 I:创建新组 J:创建新动作 K:删除

开或折叠一个组中的全部动作或一个动作中的全部命令。

二、动作的载入和应用

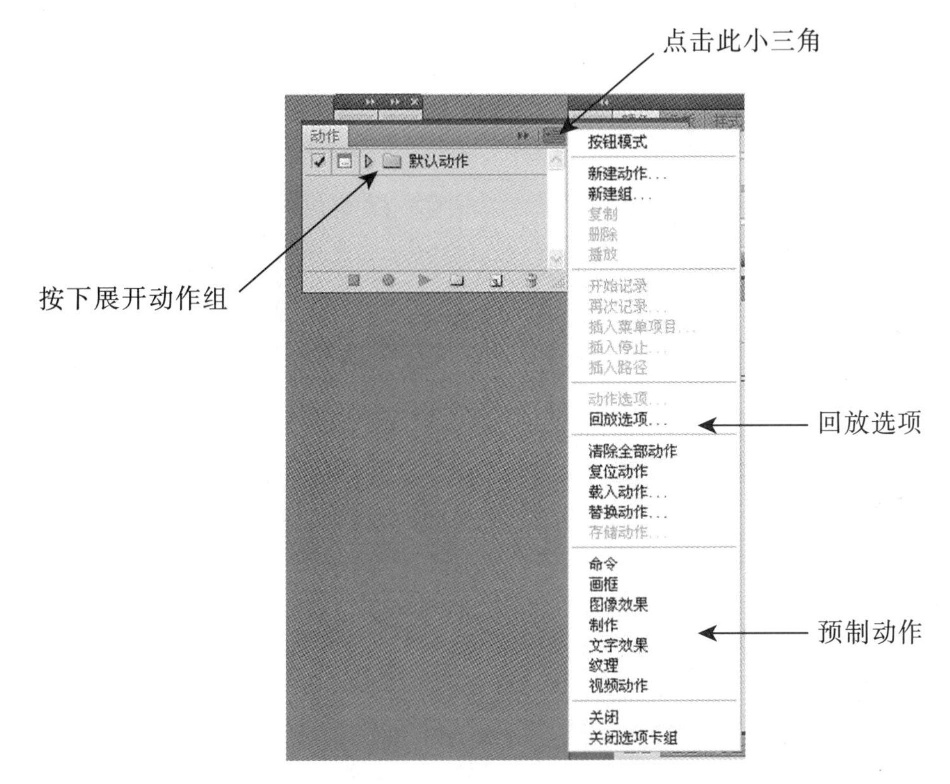

图 10-2　动作面板展开

(一) 载入动作

在图 10-2 下的预制动作中选要载入的动作,即可在动作面板中载入动作。使用时,展开动作组,选其中的命令,按“播放”按钮即执行了动作。

如果载入动作太多,可以用“复位动作”命令来恢复原来的默认动作。

(二) 指定回放速度

选图 10-2 中的回放选项,其中有加速、逐步、暂停 3 个选项,可以调整动作的回放速度或将其暂停,以便对动作进行调试。

1. 从“动作”面板的菜单中选择“回放选项”。

2. 选定一个选项,然后单击“确定”。

(1) 加速:以正常的速度播放动作(默认设置)。

通常一个动作由很多条命令组成,在加速播放动作时,屏幕可能不会在动作执行的过程中更新,不能很清晰地看到每一步过程。

(2) 逐步:完成每个命令并重绘图像,然后再执行动作中的下一个命令。可以清晰地看到每一步操作过程。

(3) 暂停:指定应用程序在执行动作中的每个命令之间应暂停的时间量。

例:将图片 10-1.jpg 设置成旧照片,且加上绿色前景色边框,再用图案修饰画框。

操作步骤:

1. 打开图片 10–1.jpg(图 10–3);

2. 载入图像效果动作和画框动作(如果动作中无此项);

3. 选图像效果中的仿旧照片动作→播放;

4. 选画框动作中的前景色画框→播放→继续→停止;

5. 选前景色,再选播放(图 10–4);

6. 选油漆桶工具→选图案,选画框图层,用油漆桶倒在边框上(图10–5)。

图10–3　10–1.jpg

图10–4　加上绿色边框

图10–5　图案修饰画框

三、创建动作

为了方便地批处理一些动作,比如要改变一批文件的图像大小,并且都要加上画框,必须创建一个改变大小及加画框的动作。

创建新动作时,所用的命令和工具都将添加到动作中,直到停止记录。

为了防止出错,在副本中进行操作比较妥当:在动作开始时,在应用其他命令之前,记录“文件”→“存储为”命令并选择“作为副本”。或者也可以在Photoshop CS4中单击“历史记录”面板上的“创建新快照”按钮,以便在记录动作之前拍摄图像快照。创建新动作的操作方法是:

1. 打开文件。

2. 在“动作”面板中,单击“创建新动作”按钮,或从“动作”面板的菜单中选择“新建动作”。

3. 输入一个动作名称，选择一个动作集，然后设置附加选项：

• 功能键：为该动作指定一个键盘快捷键。您可以选择功能键、“Ctrl”键和“Shift”键的任意组合（例如，“Ctrl”+“Shift”+“F3”），但有以下例外：在Windows中，不能使用“F1”键，也不能将“F4”或“F6”键与“Ctrl”键一起使用。

如果指定动作与命令使用同样的快捷键，快捷键将适用于动作而不是命令。

• 颜色：为按钮模式显示指定一种颜色。

4. 单击“记录”。“动作”面板中的“开始记录”按钮变为红色。

注意：记录“存储为”命令时，不要更改文件名。如果输入新的文件名，每次运行动作时，都会记录和使用该新名称。在存储之前，如果浏览到另一个文件夹，则可以指定另一位置而不必指定文件名。在记录动作时不应作不需要记录的动作。

5. 执行要记录的操作和命令。

这些操作和命令可以是菜单命令，可以是工具栏中的工具动作，比如绘画、输入文字，也可以是预置动作。

6. 重复5，直到所需要的动作记录完毕，停止记录，单击“停止播放/记录”按钮，或从“动作”面板菜单中选择“停止记录”（也可以按“Esc”键）。

若要在同一动作中继续开始记录，请从“动作”面板菜单中选择“开始记录”。

例如有一批照片，需要对这些照片都进行自动色阶的处理，以及都加上拍摄的日期，则可以先打开任意一张图片，然后新建一个动作，记录以下操作：

1. “图像”菜单下的“自动色调”。

2. 输入日期。

3. 退出记录状态。

以后打开照片，播放此动作就可以了。

练　习

一、给小鸭图片加上照片卡角画框（图10-6）。

图 10-6　小鸭图片加上照片卡角画框

操作步骤：

1. 打开小鸭图片；

2. 观察动作命令下有无画框动作，无则先载入画框动作；

3. 选择画框中的照片卡角命令选项；

4. 单击播放按钮，执行播放命令。

二、给小鸭图片加上木质照片卡角画框，并加上文字，对文字进行艺术处理（图 10-7）。

图 10-7 木质画框及文字

操作步骤：

1. 打开小鸭文件；

2. 在动作命令下选择木质画框命令，单击播放按钮；

3. 输入文字：beautiful；

4. 动作命令下选择文字效果命令，若无文字效果，则先载入；

5. 选择中等轮廓线，单击播放按钮；

6. 再输入文字：美丽；

7. 在动作命令下选择文字效果命令，并选投影，单击播放按钮。

三、完成图 10-8。

要求：

1. 图像效果：细雨。

2. 画框：天然材质。

3. 文字：中等轮廓、喷色蜡纸、木质镶板，利用“图像”菜单的调整曲线调整文字亮度。

图 10-8 细雨、木质画框、文字

四、在图像效果组中创建动作 1,包含的动作是:颜色为蓝色,允许用“F3”+“Shift”为快捷键,按约束比例将图像大小的宽度修改为 400 像素;加上木质画框。

参考操作:(先打开一个任意图片文件)

1. 观察“动作”面板中是否包含了图像效果和画框组,如果没有的话先载入;

2. 选图像效果组,新建动作1,颜色为蓝色,允许用“F3”+“Shift”为快捷键→开始记录;

3. 选图像→图像大小→约束比例→宽度改为400像素;

4. 选动作→打开画框组→选木质画框→播放;

5. 停止记录。

以后打开任何图片,只要播放动作1,或使用“F3”+“Shift”快捷键,图片都将自动完成其中的动作。

第十一章 通 道

通道作为图像的组成部分,是与图像的格式密不可分的,图像颜色、格式的不同决定了通道的数量和模式。

Alpha 通道:用户新建的通道,主要用于保存选区。

颜色通道:RGB 模式有 R、G、B 3 个颜色通道,CMYK 图像有 C、M、Y、K 4 个颜色通道,灰度图只有一个颜色通道,它们包含了所有将被打印或显示的颜色。

一个图片被建立或者打开以后是会自动创建颜色通道的。在 Photoshop 中编辑图像时,实际上就是在编辑颜色通道。这些通道把图像分解成一个或多个色彩成分。当我们查看单个通道的图像时,图像窗口中显示的是没有颜色的灰度图像。通过编辑灰度级的图像,可以更好地掌握各个通道原色的亮度变化。

一、通道的作用

1. 保存颜色

对于 RGB 文件,有红色、绿色、蓝色 3 个通道,分别保存文件中的 3 种颜色;CMYK 文件,有青色、洋红、黄色、黑色 4 个通道,分别保存文件中的 4 种颜色。

例:新建了一个背景为白色的文件,选各个通道的时候,全选中,因为 R、G、B 的数值均为 255。

新建了一个背景为黑色的文件,选各个通道的时候,全选不中,因为 R、G、B 数值均为 0。

2. 保存选区

当我们把一副图像粘贴到 Alpha 通道,或在 Alpha 通道中输入文字,回到 RGB 通道,可以看到并没有改变原来的图像,仅在 Alpha 通道中保留了图像或文字,以后可以作为选区载入。

二、通道的应用

1. 通过改变通道的数据(或颜色),可改变图像的色彩。如在曲线调整时,选红色通道,然后拖动曲线,发现图像中的红色成分改变了。

2. 利用新建通道保存文字或图形

在新通道中输入文字或粘贴图形后, 通道中就保存了文字或图形, 其中黑色区域代表空的,白色区域代表有内容。以后通过载入选区填充颜色,或应用选区时选Alpha通道,可以在图上增加或修改内容,比较多地用于文字或抠图。

3. 编辑通道

要编辑某个通道,首先选择该通道,然后使用绘画或编辑工具在图像中绘画。一次只能在一个通道上绘画。用白色绘画可以按100%的强度添加选中通道的颜色;用灰色值绘画可以按较低的强度添加通道的颜色;用黑色绘画可完全删除通道的颜色。

三、通道面板

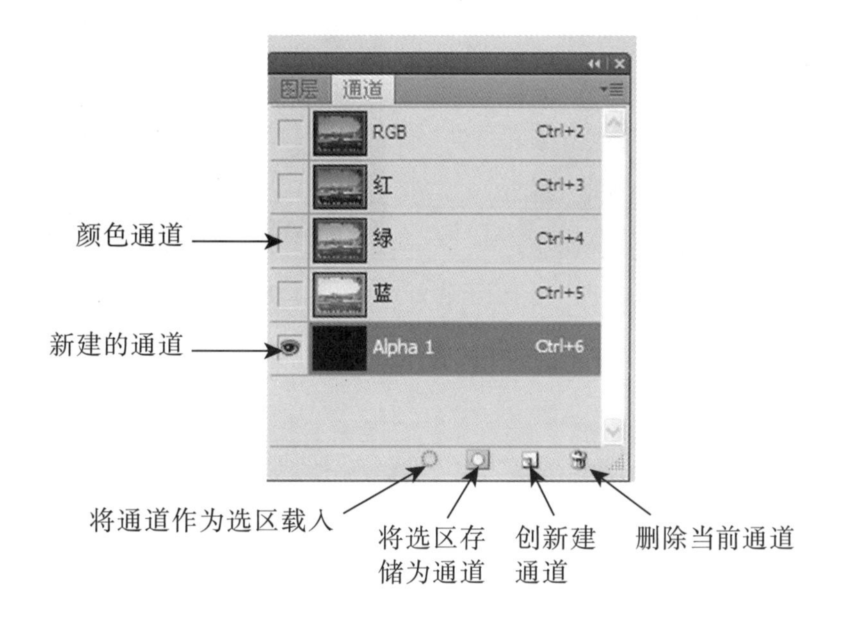

图 11-1　通道面板

当用户打开RGB图片时,“通道”面板中出现RGB 3个颜色通道。按下“创新建通道”按钮,生成Alpha 1通道,黑色表示通道内容为空。可以使用绘画或编辑工具在图像中绘画。若在颜色通道中绘画,则改变了绘画部分的颜色;若在Alpha 1通道中绘画,则仅生成选区,不改变图片的颜色。

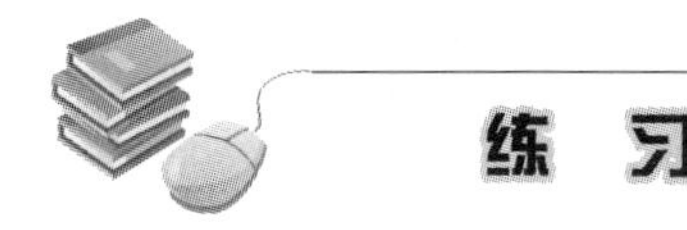

一、将图中的人物选出来。

操作步骤:

1. 打开图片11-2a.jpg;

2. 选择“选择”→“全选”,“编辑”→“拷贝”;

3. 新建通道,选择“编辑”→“粘贴”;

4. 选择“图像”→“调整”→“色阶”,拖动左边的滑块,增强黑色;拖到右边的滑块,增强白色,使通道中的图像黑白分明;

5. 用画笔工具将需要的部分全部涂黑;

6. 回到RGB通道,回到“图层”面板;

7. 选择“选择”→“载入选区”,选Alpha 1;

8. 删除选区的内容(或用渐变填充背景,或新建用渐变色填充背景的文件后,再将选出的人物多次移到新文件中,如图11-2b)。

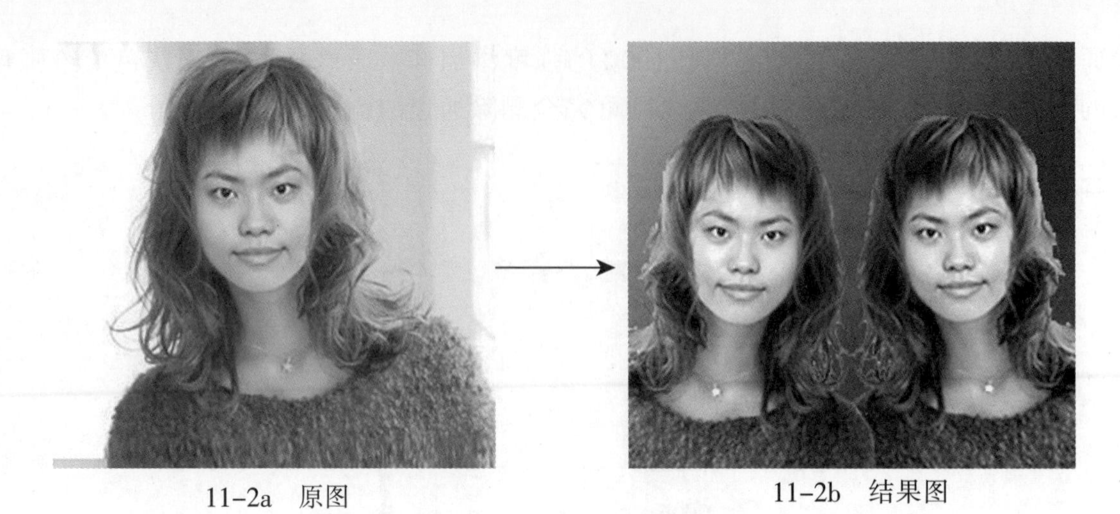

11-2a　原图　　　　11-2b　结果图

图 11-2　选出人物

二、设计纹理背景(图11-3)。

图 11-3　设计纹理背景

图 11-4　设计纹理背景和文字

操作步骤:

1. 新建通道Alpha 1;

2. 选择“滤镜”→“渲染”→“云彩”(2次);

3. 将背景转换为普通图层(双击背景层);

4. 选择“滤镜”→“渲染”→“光照效果”→“纹理通道”→“Alpha 1”(高度82,发光56,光照类型:平行光;强度:白色;光泽:绿色)。

三、通道和文字(图11-4)。

操作步骤:

1. 新建通道Alpha 1;

2. 选择“滤镜”→“渲染”→“分层云彩”;

3. 选中背景层;

4. 选择“滤镜”→“渲染”→“光照效果”→“纹理通道”→Alpha 1(平滑57,光源:全光源);

5. 输入文字:纹理;

6. 选择“图层”→“图层样式”→“斜面和浮雕”效果,深度:120,勾选“投影”,不透明度选

80%,图层面板的填充:20%。

四、修改11-5a图片中不喜欢的颜色,比如将绿色改为偏黄色,产生秋天的感觉。

11-5a　原图

11-5b　结果图

图11-5　修改颜色

参考操作:

选择"图像"→"调整"→"通道混合器",红色:-15,绿色:150,蓝色:-60。

或:用魔术棒选出绿色的部分,选择"图像"→"调整"→"通道混合器",红色:180。

五、利用图像中的应用图像工具进行合并图像处理(图11-6)。

1. 打开2张图片,修改成相同的图像大小;

2. 选择"图像"→"应用图像",注意源和目标;

3. 进入通道,按需要修改某通道的颜色,比如:选择"图像"→"调整"→"曲线",选绿色通道,拖动曲线,可以看到绿色的成分在减少或增加。

图 11-6　图像合成

第十二章　阶段综合练习

一、设计火焰字(图 12-1)。

操作步骤：

1. 新建文件,模式选灰度,背景色为黑色；
2. 输入白色的文字；
3. 选择“图像”菜单→“图像旋转”,顺时针 90 度；
4. 选择“滤镜”菜单→“风格化”→“风”,选“从左”；
5. 选择“滤镜”菜单→“风格化”→“风”；
6. 选择“图像”菜单→“图像旋转”,逆时针 90 度；
7. 选择“滤镜”菜单→“扭曲”→“波纹”；
8. 选择“图像”菜单→“模式”→“索引颜色”；
9. 选择“图像”菜单→“模式”→“颜色表”,选黑体；
10. 选择“图像”菜单→“模式”→“RGB 颜色”；
11. 保存文件。

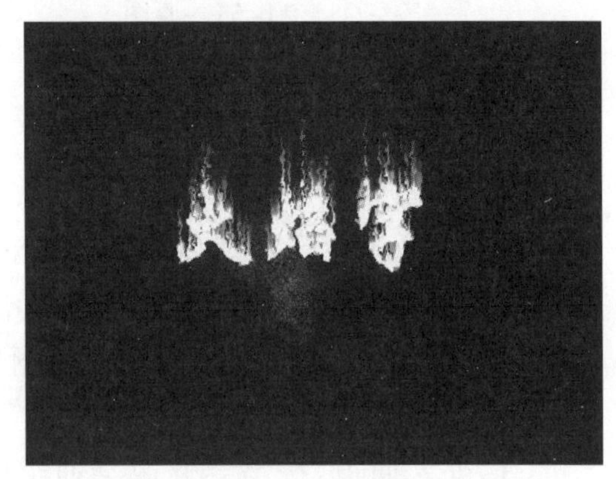

图 12-1　火焰字

二、制作底片(图 12-2)。

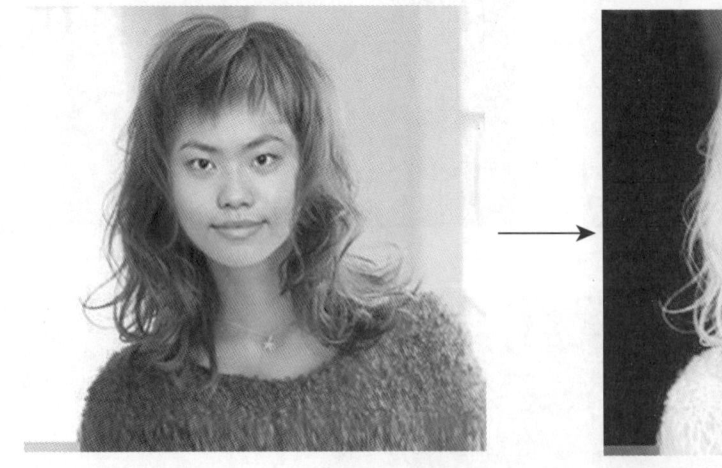

图 12-2　制作底片

操作步骤：

1. 打开图片；
2. 选择“通道”面板→选蓝色通道,选择“选择”菜单→“全部”,再选“编辑”菜单→“拷贝”；

3. 新建文件,模式选灰度;
4. 选择“编辑”菜单→“粘贴”;
5. 选择“图像”菜单→“调整”→“反相”;
6. 保存文件。

三、火灾效果(图 12-3)。

图 12-3　火灾效果

操作步骤:
1. 打开文件 12-3.jpg;
2. 选择“图像”菜单→“图像旋转”,顺时针 90 度;
3. 选择“滤镜”菜单→“风格化”→“风”,选“从左”;
4. 选择“滤镜”菜单→“风格化”→“风”;
5. 选择“图像”菜单→“图像旋转”,逆时针 90 度;
6. 选择“滤镜”菜单→“扭曲”→“波纹”;
7. 选择“滤镜”菜单→“模糊”→“动感模糊”,角度选 90 度,距离为 5;
8. 选择“图像”菜单→“曲线”,做适当调整;
9. 选择“图像”菜单→“调整”→“亮度/对比度”,做适当调整;
10. 选择“图层”菜单→“新建填充图层”→“渐变”,调整渐变色为黑、暗红、黄;
11. 保存文件。

四、添加灯光效果(图 12-4)。

图 12-4　灯光效果

操作步骤：

1. 打开12–4a.jpg；
2. 复制背景层，得到背景副本；
3. 对图层副本添加图层蒙版（按图层面板下的添加图层蒙版按钮）；
4. 利用椭圆选框工具，在车头位置画一个椭圆选区；
5. 选择“选择”→“变换选区”→旋转一定的角度；
6. 选择“选择”→“反向”；
7. 选择“编辑”→“填充”，用黑色填充，“选择”→“取消选择”；
8. 点击背景副本图层中的图层缩览图（激活此图层缩览图）；
9. 选择“图像”→“调整”→“亮度/对比度”（+85，+7）；
10. 点击背景副本图层中的图层蒙版缩览图（激活蒙版）；
11. 选择“滤镜”→“模糊”→“高斯模糊”；
12. 拼合图层，保存文件。

五、景物轮廓发光效果（图12–5）。

图 12–5　景物轮廓发光效果

操作步骤：

1. 打开12–5a.jpg；
2. 复制图层；
3. 选择“滤镜”→“画笔描边”→“强化的边缘”（1,40,4）；
4. 选择“混合模式”→“叠加”；
5. 合并图层后可再用“色相/饱和度”调整。

六、奔跑的马（图12–6）。

操作步骤：

1. 打开12–6a.jpg；
2. 用磁性套索工具选出马，羽化2像素；
3. 用“Ctrl”+“J”键拷贝图层，得到图层1；
4. 选择“滤镜”→“风格化”→“风”，从右→好；
5. 选择“滤镜”→“模糊”→“动感模糊”（0，29）；

图 12-6　奔跑的马

6. 在图层面板上对图层 1 添加蒙版图层,用黑笔(软笔)涂马的正面部分;
7. 拼合图层。

七、制作“新年快乐”贺卡(图 12-7)。

图 12-7　“新年快乐”贺卡

操作步骤:

1. 新建文件:宽 800,高 600(像素)。
2. 制作背景:

(1) 前景色为粉红色,背景色为白色;
(2) 选择“滤镜”菜单→“渲染”→“云彩”;
(3) 选择“滤镜”菜单→“纹理化”,缩放值选 150;
(4) 选择“滤镜”菜单→“模糊”→“径向模糊”,选缩放。

3. 将一束花粘贴过来:

(1) 打开图片,即素材1. jpg;
(2) 用魔术棒选中蓝色部分;
(3) 选择“选择”菜单→“反选”,选中花,“编辑”菜单→“拷贝”;
(4) 选择“切换”到新文件,“编辑”菜单→“粘贴”,并移到合适位置;
(5) 选择“滤镜”菜单→“模糊”→“高斯模糊”(2)。

4. 文字“新年快乐”的处理：

(1) 用横排蒙版文字工具输入文字：新年快乐；

(2) 退出文字输入状态后，新建图层，将文字用前景色填充；

(3) 选择“图层”菜单→“图层样式”→“投影”，投影颜色选粉红，距离及大小选5，角度为120；

(4) 文字图层的模式选叠加。

5. 自定义形状的设计：

(1) 利用自定义形状工具，在新图层中画出红色形状；

(2) 选中形状→选择“选择”→“修改”→“收缩”，将选取缩小，用“Delete”键删除此形状的中间部分；

(3) 选择“浮雕/斜面”效果；

6. 打开动物文件，即素材2.jpg，用磁性套索工具选出需要的部分，并拷贝、粘贴到文件的形状区域中，调整到合适大小及位置；

7. 打开花文件，即素材3.jpg，用魔术棒选中花（可按住“Shift”键反复扩大选区，直到花全部选中），选择“滤镜”菜单→“模糊”→“模糊”，或用“色相/饱和度”改变颜色；

8. 输入想输入的文字。

八、漩涡字的效果（图12-8）。

图12-8　漩涡字

操作步骤：

1. 新建背景色为黑色的文件；

2. 输入文字：PHOTOSHOP，字体为华文彩云，字体选72，如果还太小，可以利用自由变换工具放大；

3. 将文字移到文件的中间位置；

4. “图层”→“合并图层”；

5. “滤镜”→“扭曲”→“极坐标”→“极坐标到平面坐标”；

6. “滤镜”→“风格化”→“风”，“从左”（效果不够可再执行一次）；

7. “滤镜”→“风格化”→“风”，“从右”（效果不够可再执行一次）；

8. “滤镜”→“扭曲”→“极坐标”→“平面坐标到极坐标”;

9. “图像”→“调整”→“色相/饱和度”,着色,改变“色相/饱和度”。

九、彩虹效果(图 12–9)。

图 12–9　彩虹效果

操作步骤:

1. 打开图片 12–10a.jpg;

2. 文件中用矩形选框工具画一个长方形的选框;

3. 新建图层,选类似彩虹色的渐变色,作线型渐变,取消选区;

4. 选择“滤镜”→“扭曲”→“切变”(使其接近彩虹的弧度);

5. 选择“编辑”→“变换”→“旋转”,旋转到合适的形状,移到合适的位置;

6. 打开“图层”面板→“添加矢量蒙版”;

7. 修改渐变色为黑—白—黑;

8. 对彩虹进行渐变;

9. 图层的模式为滤色(也可对图层的透明度做适当调整)。

十、环形文字(图 12–10)。

1. 依次画 3 个矩形条,颜色分别为黄色、红色和黑色。

2. 在矩形条的中间输入文字(字数不能太少,否则圆周排不过来)。

输入 2~3 行文字,最好是不同颜色、大小,如:上海老年大学计算机 PHOTOSHOP CS4 提高班

3. 合并图层。

4. 选择“滤镜”→“扭曲”→“极坐标”。

效果:

图 12–10　环形文字

十一、设计海上升明月的效果(图12–11)。

操作步骤:

1. 打开文件12–11.jpg;

2. 新建图层1;

图 12–11 海上升明月

3. 在图层 1 上用椭圆选框工具画一个椭圆选区；
4. 设置前景色为黑色，背景色为蓝色；
5. “滤镜”菜单→“渲染”→“云彩”；
6. “滤镜”菜单→“渲染”→“分层云彩”；
7. “图像”菜单→“调整”→“亮度/对比度”(42/71)；
8. “图像”菜单→“调整”→“反相”；
9. “图像”菜单→“调整”→“亮度/对比度”(–48/63)；
10. “滤镜”菜单→“扭曲”→“球面化”；
11. 新建图层 2；
12. 利用白色到透明的渐变色，作径向渐变，目的是产生光晕效果；
13. 利用矩形选框工具，选中背景层的地面部分，“编辑”菜单→“拷贝”；
14. “编辑”菜单→“粘贴”，产生图层 3，将图层 3 放到最上层；
15. 利用减淡工具，做出投影效果。

十二、利用极坐标产生魔幻球体。

操作步骤：

1. 新建文件；
2. 新建图层 1，填充为黑色；
3. “滤镜”菜单→“渲染”→“镜头光晕”(150)；
4. “滤镜”菜单→“扭曲”→“极坐标”→“极坐标到平面坐标”；
5. “编辑”菜单→“变换”→“垂直翻转”；
6. “滤镜”菜单→“扭曲”→“极坐标”→“平面坐标到极坐标”。

思考一下：如何在魔幻球体中再置入其他小图片，比如花、小鱼(参见图 12–12)？

图 12–12 魔幻球体

十三、宝石效果(图 12-13)。

图 12-13　宝石效果

操作步骤：

1. 打开文件；
2. “图像”菜单→“调整”→“反相”；
3. 用椭圆选框工具画一个椭圆选区；
4. “选择”菜单→“反选”；
5. “编辑”菜单→“填充”→选黑色；
6. “选择”菜单→“反选”；
7. “滤镜”菜单→“扭曲”→“球面化”(100),取消选择；
8. “滤镜”菜单→“扭曲”→“极坐标”→“极坐标到平面坐标”；
9. “图像”菜单→“图像旋转”(顺时针 90 度)；
10. “滤镜”菜单→“风格化”→“风”,选“从右”(可以 2 次)；
11. “图像”菜单→“图像旋转”(逆时针 90 度)；
12. “滤镜”菜单→“扭曲”→“极坐标”→“平面坐标到极坐标”。

十四、漫画效果(图 12-14)。

图 12-14　漫画效果

操作步骤：

1. 打开图片 12-14a.jpg；
2. “滤镜”→“艺术效果”→“海报边缘”(2,1,2),新建效果层→“木刻”(5,4,2)；
3. “图像”→“调整”→“亮度/对比度”(0,36)；
4. “图像”→“调整”→“阴影/高光”(36,28)。

十五、油画效果(图 12-15)。

图 12-15　油画效果

操作步骤：

1. 打开图片12-15a.jpg；
2. “滤镜”→“艺术效果”→“绘画涂抹”(10,7)；
3. “滤镜”→“纹理”→“纹理化”(帆布,150,3,左上)。

十六、素描效果(图12-16)。

图 12-16　素描效果

操作步骤：

1. 打开图片12-16a.jpg；
2. “滤镜”→“模糊”→“特殊模糊”(65,40,高,边缘优先)；
3. “图像”→“调整”→“反相”；
4. “滤镜”→“艺术效果”→“木刻”(3,1,1)。

十七、水彩画效果(图12–17)。

图 12–17　水彩画效果

操作步骤：

1. 打开图片12–17a.jpg；
2. “滤镜”→“模糊”→“特殊模糊”(30,50,中,正常)；
3. “滤镜”→“艺术效果”→“水彩”(14,0,1)；
4. “滤镜”→“纹理”→“纹理化”(粗麻布,150,2,顶)。

第十三章　图层或组的混合模式

图层的混合模式确定了当前图层中的像素如何与下层像素进行混合。使用混合模式可以创建各种特殊效果。一般下层的颜色称为基色,当前图层的颜色称为混合色。

一、图层面板

13-1a　新建图层后的图层面板

13-1b　新建组后的图层面板

图 13-1　图层面板

在默认情况下,图层的混合模式是“正常”(图 13-1a),图层组的混合模式是“穿透”(图 13-1b),“穿透”表示组没有自己的混合属性。为组选取其他混合模式时,可以有效地更改图像各个组成部分的合成顺序。操作时,首先新建组,然后新建若干个要放在一组中的图层;或新建组后,把已经有的图层拖到组中。这个复合的组会被视为一幅单独的图像,并利用所选混合模式与图像的其余部分混合。因此,如果为图层组选取的混合模式不是“穿透”,则组中的调整图层或图层混合模式将应用于组内的所有图层。

例如:图层 1 中有一个粉色矩形,图层 2 中有一个绿色椭圆,且图层 1 和图层 2 在同一组中。如果组的混合模式选“正片叠底”,则混合模式同时应用于图层 1 和 2,如图 13-2a。如果组的混合模式为“穿透”,则对图层 2 选正片叠底混合模式后仅对图层 2 起作用,如图 13-2b。

图层的混合模式中的“颜色减淡”、“颜色加深”、“变暗”、“变亮”、“差值”和“排除”模式不可用于 Lab 图像。适用于 32 位文件的图层混合模式包括:正常、溶解、变暗、正片叠底、深色、变亮、线性减淡、浅色、差值、色相、饱和度、颜色和明度。

13-2a　组的模式为“正片叠底”

13-2b　组的模式为“穿透”

图 13-2　组的混合模式

二、图层混合模式各项的含义

• 正常：这是默认模式。当前编辑或绘制的颜色就是结果色。

• 溶解：编辑或绘制每个像素，使其成为结果色。但是根据任何像素位置的不透明度，结果色由基色或混合色的像素随机替换。选溶解模式的图层的不透明度必须低于100%。

• 变暗：当前图层和下面的图层中选择较暗的颜色作为结果色。比混合色亮的像素被替换，比混合色暗的像素保持不变。

• 正片叠底：将基色与混合色复合，结果色总是较暗的颜色。任何颜色与黑色复合产生黑色，而与白色复合保持不变。当用黑色或白色以外的颜色绘画时，绘画工具绘制的连续描边产生逐渐变暗的颜色。这与使用多个魔术标记在图像上绘图的效果相似。

• 颜色加深：通过增加对比度使基色变暗以反映混合色。与白色混合后不产生变化。

• 线性加深：通过减小亮度使基色变暗以反映混合色。与白色混合后不产生变化。

• 变亮：选择基色或混合色中较亮的颜色作为结果色。比混合色暗的像素被替换，比混合色亮的像素保持不变。

• 滤色：将混合色的互补色与基色复合，结果色总是较亮的颜色。用黑色过滤时颜色保持不变。用白色过滤将产生白色。此效果类似于多个摄影幻灯片在彼此之上产生投影。

• 颜色减淡：通过减小对比度使基色变亮以反映混合色。与黑色混合则不发生变化。

• 线性减淡（加深）：通过增加亮度使基色变亮以反映混合色。与黑色混合则不发生变化。

• 叠加：复合或过滤颜色，具体取决于基色。图案或颜色在现有像素上叠加，同时保留基色的明暗对比。不替换基色，但基色与混合色相混以反映原色的亮度或暗度。

• 柔光：使颜色变暗或变亮，具体取决于混合色。此效果与发散的聚光灯照在图像上相似。如果混合色（光源）比50%灰色亮，则图像变亮，就像被减淡了一样。如果混合色（光源）比50%灰色暗，则图像变暗，就像被加深了一样。用纯黑色或纯白色绘画会产生明显较暗或较亮的区域，但不会产生纯黑色或纯白色。

• 强光：复合或过滤颜色，具体取决于混合色。此效果与耀眼的聚光灯照在图像上相似。

如果混合色（光源）比50%灰色亮，则图像变亮，就像过滤后的效果。这对于向图像中添加高光非常有用；如果混合色（光源）比50%灰色暗，则图像变暗，就像复合后的效果。这对于向图像添加暗调非常有用。用纯黑色或纯白色绘画会产生纯黑色或纯白色。

● 亮光:通过增加或减小对比度来加深或减淡颜色,具体取决于混合色。如果混合色(光源)比 50%灰色亮,则通过减小对比度使图像变亮;如果混合色比 50%灰色暗,则通过增加对比度使图像变暗。

● 线性光:通过减小或增加亮度来加深或减淡颜色,具体取决于混合色。如果混合色(光源)比 50%灰色亮,则通过增加亮度使图像变亮;如果混合色比 50%灰色暗,则通过减小亮度使图像变暗。

● 点光:根据混合色替换颜色。如果混合色(光源)比 50%灰色亮,则替换比混合色暗的像素,而不改变比混合色亮的像素;如果混合色比 50%灰色暗,则替换比混合色亮的像素,而不改变比混合色暗的像素。这对于向图像添加特殊效果非常有用。

● 实色混合(Photoshop CS 以上的高版本才有此选项):通常情况下,当混合两个图层以后产生的结果是:亮色更加亮了,暗色更加暗了,降低填充不透明度建立多色调分色或者阈值。实色混合模式对于一个图像本身是具有不确定性的,例如它锐化图像时填充不透明度将控制锐化强度的大小。新的实色混合模式制作了一个多色调分色的图片,由红、绿、蓝、青、洋红、黄、黑和白 8 个颜色组成,混合色是基色和混合色亮度的乘积。

● 差值:从基色中减去混合色,或从混合色中减去基色,具体取决于哪一个颜色的亮度值更大。与白色混合将反转基色值;与黑色混合则不产生变化。

● 排除:创建一种与“差值”模式相似但对比度更低的效果。与白色混合将反转基色值;与黑色混合则不发生变化。

● 色相:用基色的明度和饱和度以及混合色的色相创建结果色。

● 饱和度:用基色的明度和色相以及混合色的饱和度创建结果色。

● 颜色:用基色的亮度以及混合色的色相和饱和度创建结果色。这样可以保留图像中的灰阶,并且对于给单色图像上色和给彩色图像着色都会非常有用。

● 明度:用基色的色相和饱和度以及混合色的亮度创建结果色。此模式创建与“颜色”模式相反的效果。

三、对图层或组选取混合模式的操作

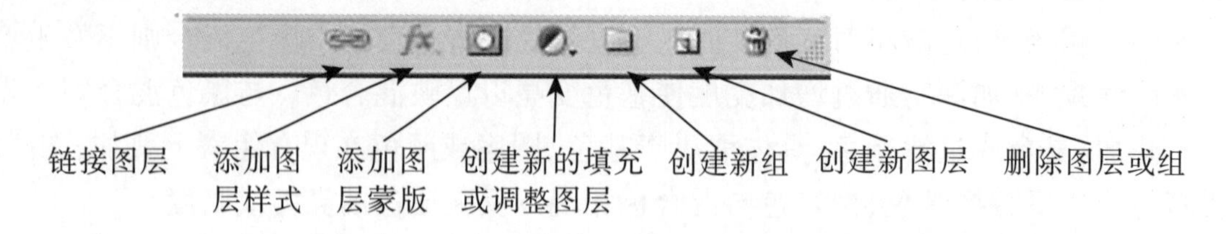

图 13-3 图层按钮的作用

1. 按图层中的创建新图层或组按钮,产生新图层或组,或按下图层按钮产生新图层。
2. 在图层面板中选中图层或组。
3. 点击图层混合模式框。
4. 选取所需的模式。

练 习

一、图层模式中的“滤色”命令的使用:用于曝光不足(图 13-4)。

使用方法:利用复制图层,并在图层副本中图层模式选择“滤色”,并可对图层进行曲线调整亮度、调整图层的透明度,使效果更好。

图 13-4　滤色模式

二、图层模式中的“正片叠底”命令的使用:用于闪光过强(图 13-5)。

使用方法:利用复制图层,并在图层副本中图层模式选择“正片叠底”,并可对图层进行曲线调整亮度、调整图层的透明度,使效果更好。如果效果不够的话,也可以再复制一个图层副本。

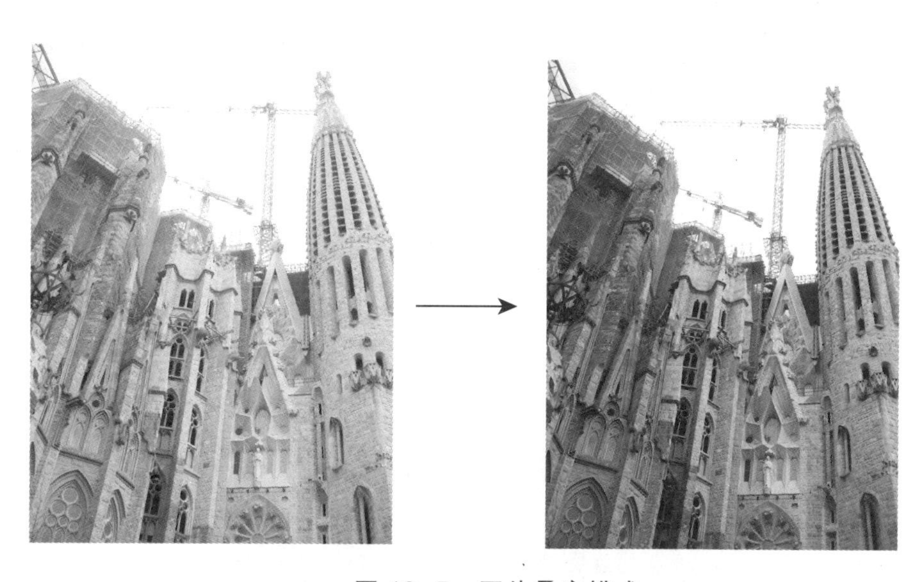

图 13-5　正片叠底模式

三、利用图层模式中的强光,实现图 13-6 的效果。

图 13-6　强光模式

四、“图像”菜单→“调整”下的匹配颜色命令的使用。

1. 使用方法：打开 2 个文件，一个作为源文件，一个作为目标文件，目标文件参考源文件的色彩匹配，并选择亮度颜色强度等，使效果满意。

2. 利用“我的文档”→“图片收藏”下的图片。

五、逆光照片的处理(图 13-7)。

1. “图像”菜单→“调整”→“阴影/高光”命令可用于逆光照片的修复。

图 13-7　“阴影/高光”命令的使用

2. 用颜色减淡的图层模式使原图得到窗外光线明亮、屋内保持暗色的效果(图 13-8)。

图 13-8　颜色减淡模式

六、使用柔光和叠加模式，使美女变丑女(图 13-9)。

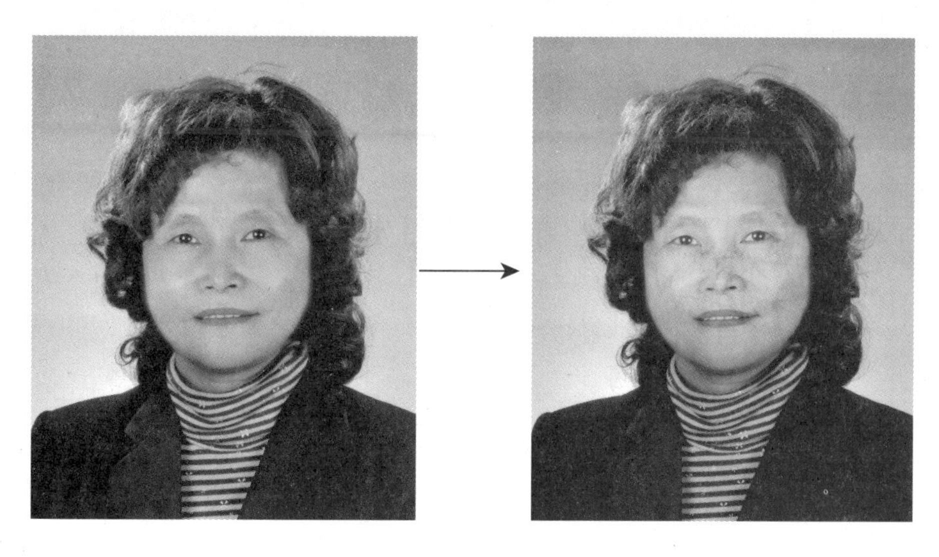

图 13-9　柔光和叠加模式的使用

操作步骤：

1. 打开图片 m1、m2、m3；

2. m1 为当前文件，将 m3 拖到 m1 文件中形成图层 1，图层模式为“柔光”，填充不透明度为 50%；

3. 将m2拖到m1文件中形成图层2，图层模式为“叠加”，填充不透明度为20%；

4. 擦除多余的皱纹。

七、利用叠加模式改变图像效果(图13-10)。

图 13-10　叠加模式

参考操作：

1. 添加图层；

2. 用合适的线性渐变填充图层1；

3. 图层的混合模式为“叠加”。

第十四章　图像的色彩调整

调整图像颜色的方法有多种，如“图像”菜单下的“色相/饱和度”、“色彩平衡”、“自动颜色”、“自动色温平衡”、“替换颜色”、“匹配颜色”等命令，还可以利用“替换颜色”等工具来改变图像某区域的颜色。

一、色相/饱和度

“图像”→“调整”→“色相/饱和度”命令，主要用于修改照片的颜色，调整颜色程度或为黑白照片加色。

色相：用于控制图像的颜色。色相由颜色名称标识，如红色、橙色或绿色，所以通俗一点讲色相就是色彩的颜色。

饱和度：用于控制图像色彩的浓淡程度(有时称为色度)。饱和度表示色相中灰色分量所占的比例，通常用0%(灰色)至100%(完全饱和)的百分比来度量。

明度：是颜色的相对明暗程度，通常用0%(黑色)至100%(白色)的百分比来度量。

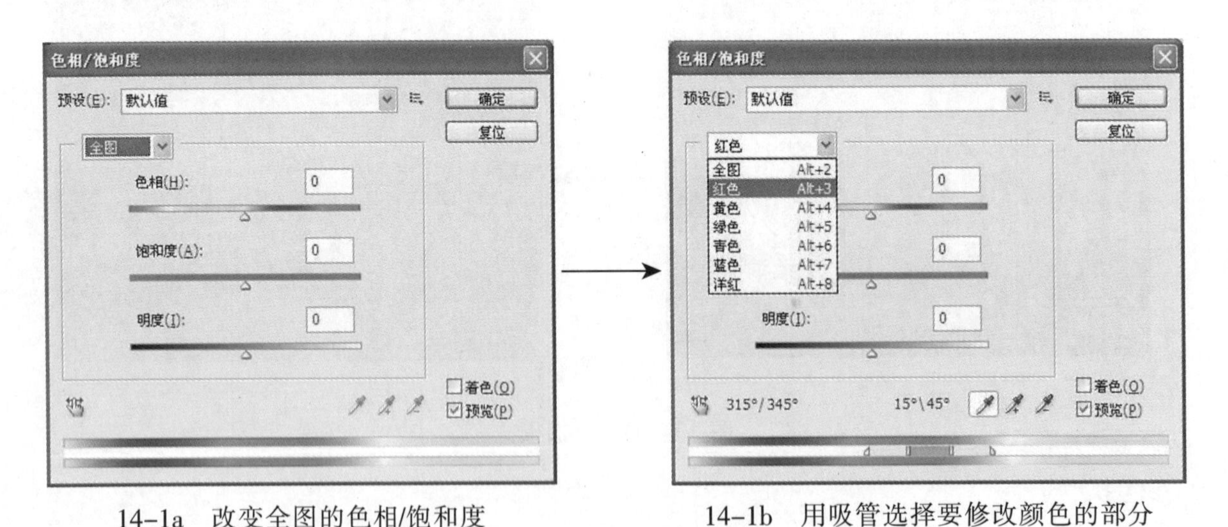

14–1a　改变全图的色相/饱和度　　14–1b　用吸管选择要修改颜色的部分

图 14–1　色相/饱和度

选着色选项，可以对图片添加颜色或改变颜色。可根据颜色区域的选择修改相应某颜色区域的颜色，或用吸管点击需要修改颜色的区域；然后修改色相、饱和度、明度的数据或拖动滑块，达到修改图片的颜色的目的。

二、色彩平衡

“图像”菜单→“调整”→“色彩平衡”命令，主要用于偏色的照片，此命令能更改图像的总体颜色混合。

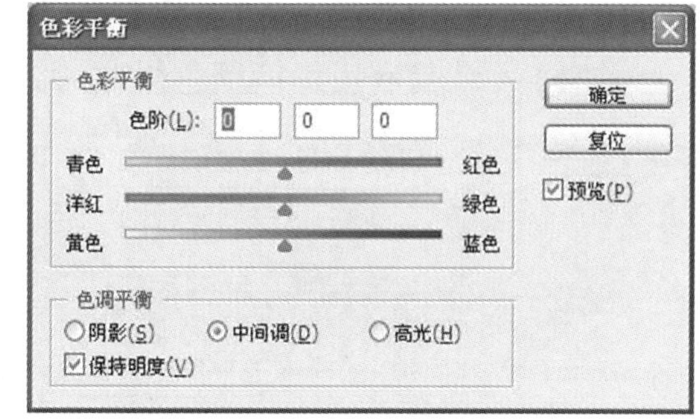

图 14-2 色彩平衡

选择“阴影”、“中间调”或“高光”，以选择要着重更改的色调范围。选择“保持明度”以防止图像的明度值随颜色的更改而改变。此选项可以保持图像的色调平衡。颜色上面的色阶中的数值反映R、G、B颜色。

通过拖动滑块，可以看到色阶中的数据在变化，同时改变了图像的颜色；也可以通过在色阶中输入数据来改变图像颜色。

三、“图像”菜单→“调整”→自动色阶、自动对比度、自动颜色的使用

自动色阶：自动调整图像中的黑场和白场，会增加图像的对比度。

自动对比度：自动调整RGB图像中颜色的总体对比度。

自动颜色：使用RGB128灰色这一目标颜色来中和中间调，并将暗调和高光像素剪切0.5%。

四、自动色温平衡

数码相机有白平衡功能，可以自动校正色温，在Photoshop中的方法是：

平均模糊：可得到照片的平均颜色（复制背景层→“滤镜”→“模糊”→“平均模糊”）。

反相：得到照片的平均颜色的相反色（“图像”→“调整”→“反相”），图层模式选“柔光”。

五、照片滤镜的使用

适当进行浓度选择、滤镜的选择可以改变图像的色彩。比如选绿色滤镜，并拖动浓度滑块，照片的效果就像在拍照时照相机镜头加了绿色的滤镜。

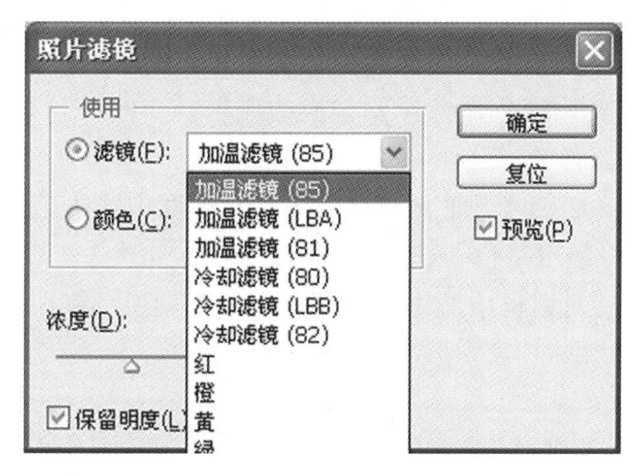

图 14-3 照片滤镜选择

六、替换颜色

使用“替换颜色”命令,可以选择图像中的特定颜色,然后替换那些颜色。可以设置选定区域的色相、饱和度和明度,或者使用拾色器来选择替换颜色。

图 14-4 就是利用替换颜色修改的图 14-4a 图中的部分颜色。主要操作为:

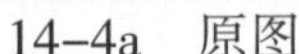

14-4a　原图　　14-4b　替换颜色后

图 14-4　替换颜色

1. 选取“图像”→“调整”→“替换颜色”。

2. (可选)如果正在图像中选择多个颜色范围,则选择“本地化颜色簇”来构建更加精确的蒙版。

3. 选择一个显示选项:

(1) 选区:在预览框中显示蒙版。被蒙版区域是黑色,未蒙版区域是白色。部分被蒙版区域(覆盖有半透明蒙版)会根据不透明度显示不同的灰色色阶。

(2) 图像:在预览框中显示图像。在处理放大的图像或仅有有限屏幕空间时,该选项非常有用。

4. 选择要替换颜色的源颜色区域的方法:

(1) 在图像或预览框中使用吸管工具,单击以选择由蒙版显示的区域,或使用“添加到取样”吸管工具添加区域;或使用“从取样中减去”吸管工具移去区域。拖动滑块可改变颜色容差,控制选区中包括哪些相关颜色的程度。

(2) 双击“选区”色板,使用拾色器选择要替换的颜色。

5. 要更改选定区域的颜色的方法:

(1) 拖移“色相”、“饱和度”和“明度”滑块(或者在文本框中输入值)。

(2) 双击“结果”色板并使用拾色器选择替换颜色。

可以存储在“替换颜色”对话框中所做的设置,以供在其他图像中重新使用。

七、匹配颜色

“图像”→“调整”→“匹配颜色”命令可匹配多个图像之间、多个图层之间或者多个选区之间的颜色;可以调整图像的亮度、色彩饱和度和色彩平衡。“匹配颜色”命令中的高级算法可以更好地控制图像的亮度和颜色成分, 通过更改亮度和色彩范围以及中和色痕来调整图像中的颜色。“匹配颜色”命令仅适用于 RGB 模式。

“匹配颜色”命令将一个图像(源图像)中的颜色与另一个图像(目标图像)中的颜色相匹配,使不同照片中的颜色保持一致;也可以使一个图像中的某些颜色(如肤色、衣服、背景)与另一个图像中的颜色相匹配。

除了匹配两个图像之间的颜色以外,“匹配颜色”命令还可以匹配同一个图像中不同图层之间的颜色。

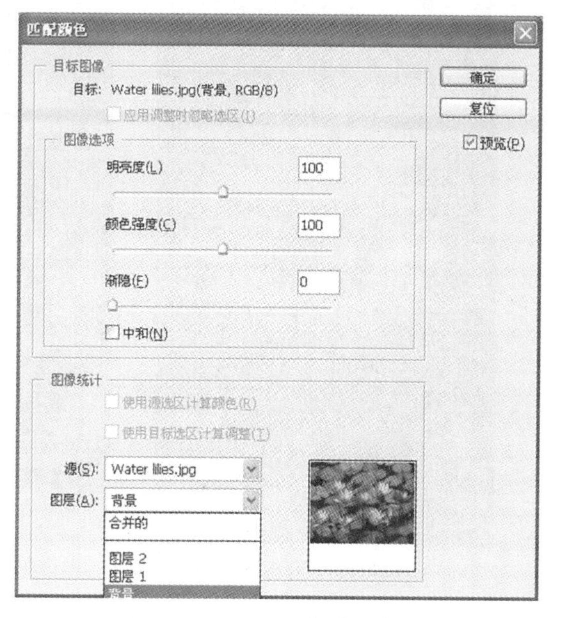

图14–5 “匹配颜色”窗口

(一) 匹配两个图像之间的颜色

如果希望用一张色彩满意的图片来修改另一张图片,可以使用匹配两个图像之间的颜色的方法。操作方法是:

1. 打开两个图像。

2. (可选)在源图像和目标图像中建立一个选区。

如果未建立选区,则“匹配颜色”命令将匹配图像之间的全部图像统计数据。

3. 选中要更改的图像,然后选取图像→调整→匹配颜色。

4. 在“匹配颜色”对话框中,从“图像统计”区域中的“源”菜单中,选取要将其颜色与目标图像中的颜色相匹配的源图像;或在“图层”菜单中选择要匹配其颜色的源图像中的图层。见图 14–5 图像统计中的源、图层。

5. 如果在源图像中建立了选区并且想要使用选区中的颜色来计算调整,在“图像统计”区域中选择“使用源选区计算颜色”。取消选择该选项以忽略源图像中的选区,并使用整个源图像中的颜色来计算调整。如果在目标图像中建立了选区并且想要使用选区中的颜色来计算调整,在“图像统计”区域中选择“使用目标选区计算调整”。取消选择该选项以忽略目标图像中的选区,并通过使用整个目标图像中的颜色来计算调整。

6. 选择“中和”选项,能自动移去目标图像中的色痕;选中“预览”选项,可以方便地看到调整的效果。

7. 移动“明亮度”滑块,用于增加或减小目标图像的亮度;也可以在“明亮度”框中输入一个值:最大值是 200,最小值是 1,默认值是 100。

8. 移动“颜色强度”滑块,用于调整目标图像的色彩饱和度;也可以在“颜色强度”框中输入一个值:最大值为 200,最小值为 1(生成灰度图像),默认值为 100。

9. 移动“渐隐”滑块,用于控制应用于图像的调整量,向右移动该滑块可减小调整量。

10. 单击“确定”。

例:利用水果图片的颜色匹配到向日葵图片中(图 14–6)。

操作步骤:

1. 打开 2 个图片文件;

2. 选中“目标图”为当前文件;

3. “图像”→“调整”→“匹配颜色”;

14-6a　目标图

14-6b　源图

14-6c　匹配结果

图 14-6　颜色匹配

4. “图像统计”菜单中的“源”选“源图”；

5. 单击“确定”。

(二) 匹配同一图像中两个图层的颜色

如果一张图片中有多个图层，想用其中一个图层的色彩来调整其他图层的色彩，可用匹配同一图像中两个图层的颜色。操作方法是：

1. (可选)在图层中建立要匹配的选区。将一个图层中的颜色区域与另一个图层中的区域相匹配时，可以使用此方法。

如果未建立选区，则“匹配颜色”会对整个源图层的颜色进行匹配。

2. 选中要修改颜色的目标图层，然后选取“图像”→“调整”→“匹配颜色”。

3. 在“匹配颜色”对话框中的“图像统计”区域的“源”菜单中，确保“源”菜单中的图像与目标图像相同。

4. 使用图层菜单选取要匹配其颜色的图层。

5. 如果在图像中建立了选区，则各种设置和操作同(一)4 ~(一)9。

(三) 用匹配颜色命令移去色调

用于所校正的图像既是源图像又是目标图像。操作方法是：

1. 选取“图像”→“调整”→“匹配颜色”。

2. 在“图像统计”区域中，确保在“源”菜单中选取“无”。此选项指定源图像和目标图像相同。

3. 选择“中和”选项，自动移去色痕。

4. 拖动滑块以调整明亮度和颜色强度。

5. 拖动“渐隐”滑块可控制应用于图像的调整量。

6. 单击“确定”。

图 14-7 就是用向日葵图像在匹配颜色窗口中选中“中和”，并改变“颜色强度”后得到的结果。

14–7a　源图　　　　14–7b　结果图

图 14–7　用“匹配颜色”命令移去色调而改变了源图的颜色

(四) 存储和应用匹配颜色命令中的设置

1. 在“匹配颜色”对话框的“图像统计”区域中,单击“存储统计数据”按钮,命名并存储设置。

2. 在“匹配颜色”对话框的“图像统计”区域中,单击“载入统计数据”按钮,找到并载入已存储的设置文件。

八、利用颜色替换工具替换图像区域中的颜色

工具栏中的颜色替换工具,能够简化图像中特定颜色的替换。可以使用校正颜色在目标颜色上绘画。颜色替换工具不适用于“位图”、“索引”或“多通道”颜色模式的图像。操作方法是:

1. 选择“颜色替换工具”(在“画笔工具”组中)。

2. 在选项栏中选取画笔笔尖,注意混合模式设置为“颜色”。

3. 对于“取样”选项,选取下列选项之一:

(1) 连续:在拖动时连续对颜色取样。

(2) 一次:只替换包含第一次单击的颜色区域中的目标颜色。

(3) 背景色板:只替换包含当前背景色的区域。

4. 对于“限制”选项,请选择下列选项之一:

(1) 不连续:替换出现在指针下任何位置的样本颜色。

(2) 连续:替换与紧挨在指针下的颜色邻近的颜色。

(3) 查找边缘:替换包含样本颜色的连接区域,同时更好地保留形状边缘的锐化程度。

5. 对于“容差”,输入一个百分比值(范围为 0 到 255),或者拖动滑块。选取较低的百分比可以替换与所单击像素非常相似的颜色,而增加该百分比可以替换范围更广的颜色。

6. 要为所校正的区域定义平滑的边缘,请选择“消除锯齿”。

7. 设置前景色,单击要替换的颜色或在图像中拖动画笔,则前景色就替换了被单击的位置

或拖动画笔经过的区域的颜色。

九、调整图像区域中的颜色饱和度

海绵工具可精确地更改区域的色彩饱和度。当图像处于灰度模式时，该工具通过使灰阶远离或靠近中间灰色来增加或降低对比度。

1. 选择海绵工具。
2. 在选项栏中选取画笔笔尖并设置画笔选项。
3. 在选项栏中，从“模式”菜单选取更改颜色的方式：

饱和：增加颜色饱和度。

降低饱和度：减少颜色饱和度。

4. 为海绵工具指定合适的流量。
5. 选择“自然饱和度”选项以最小化完全饱和色或不饱和色的修剪。在要修改的图像部分拖动。

练　习

一、为黑白照片上色(图 14-8)。

14-8a　源图

14-8b　结果图

图 14-8　为黑白照片上色

操作步骤：

1. 打开黑白照片；
2. 选中脸部、脖子和手部；
3. “图像”菜单→“调整”→“色相/饱和度”，选着色，并改变色相和饱和度的数据；
4. 同样方法选中衣服进行处理；
5. 还可利用“图像”菜单→“调整”→“变化”进行处理。

二、利用练习12中的图片，练习自动色阶、自动颜色、自动对比度和色彩平衡、自动色温的操作，用“色相/饱和度”调整颜色。

三、匹配 2 张照片之间的颜色：打开 2 个文件，一个作为源文件，一个作为目标文件，目标

文件参考源文件的色彩匹配,并选择亮度、颜色强度等,使效果满意。

四、利用图片收藏下的图片作匹配颜色的练习。

五、改变衣服颜色(图 14-9)。

方法 1　　方法 2　　方法 3

图 14-9　改变衣服颜色

方法 1:利用套索工具选衣服→“拷贝”→新建图层→“贴入”,前景色改为紫红色,改用画笔,模式为颜色,选中图层 1,然后在衣服上涂抹,衣服保持原来的花色,但颜色为紫红色的了。

方法 2:利用套索工具选衣服→“色相/饱和度(着色)”。

方法 3:利用套索工具选衣服→“图像”→“调整”→“替换颜色”,调整替换中的结果颜色,吸管点击要替换颜色的源位置。

六、利用色相/饱和度、自然饱和度修改 14-10.jpg 照片的色彩。

七、利用处理颜色的工具,修改 14-10.jpg 照片中的色彩,如图 14-10。

图 14-10　修改照片颜色

第十五章　修复图片

Photoshop 的修复工具组包含有 4 个工具，分别为污点修复画笔工具、修复画笔工具、修补工具和红眼工具，如图 15-1 所示。使用该工具组中的工具，可以将图像中的瑕疵或污点去除。另外，还可以利用涂抹、锐化等工具修复图片。

图 15-1　修补工具组

一、使用修补工具替换像素

（一）使用样本像素修复选区区域

操作步骤：

1. 选择修补工具，并在选项栏中选择“源”；

2. 建立要修补的选区；

3. 将选区边框拖动到想要从中进行取样的区域。松开鼠标按钮时，原来选中的区域被使用样本像素修补。

图 15-2a 为原图，利用修补工具，且选项栏中选源，则在图上要修补的位置画出选区且往目的区域拖动后，原图的选区内容按目的区域样本修改，如图 15-2b。

15-2a　原图

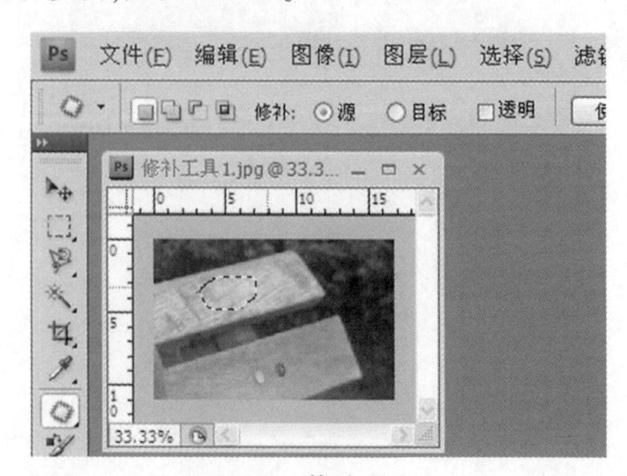

15-2b　修改后

图 15-2　修补工具的使用(1)

(二) 使用源像素修补目标区域(相当于将源样本复制到目标区域)

操作步骤：

1. 选择修补工具，并在选项栏中选择“目标”；

2. 建立要修补的选区；

3. 将选区边界拖动到要修补的区域。释放鼠标按钮时，目标区域的内容被选定区域的像素替换。

- 按住“Shift”键并在图像中拖动，可添加到现有选区。
- 按住“Alt”键并在图像中拖动，可从现有选区中减去一部分。
- 按住“Alt”+“Shift”组合键并在图像中拖动，可选择与现有选区交迭的区域。

要从取样区域中抽出具有透明背景的纹理，选择“透明”。如果要将目标区域全部替换为取样区域，请取消选择此选项。“透明”选项适用于具有清晰分明纹理的纯色背景或渐变背景。

15-3a　原图

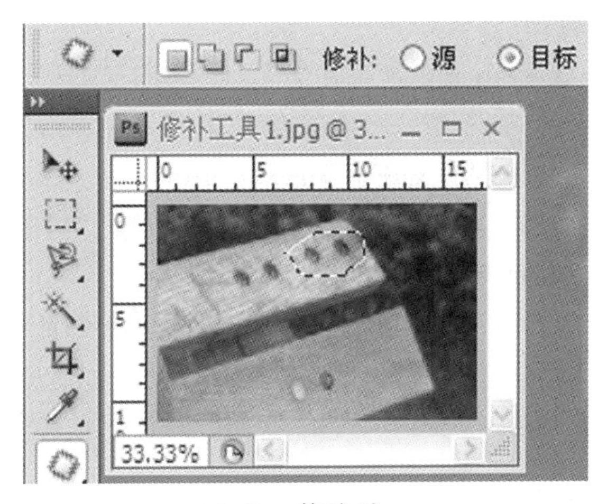

15-3b　修改后

图 15-3　修补工具的使用(2)

图 15-3a 为原图，选择了修补工具，且选项栏中选目标，则在图上要修补的位置画出选区且往目的区域拖动后，原图的选区内容被复制到目标区域，如图 15-3b。

二、移去红眼

使用红眼工具可以去除人物或动物的闪光照片中的红眼。

1. 在“RGB 颜色”模式下，选择红眼工具；

2. 在红眼中单击。如果对结果不满意，请还原修正，在选项栏中设置一个或多个下列选项，然后再次单击红眼：

(1) 瞳孔大小：增大或减小受红眼工具影响的区域。

(2) 变暗量：设置校正的暗度。

三、使用修复画笔工具进行修饰

修复画笔工具可用于校正瑕疵。与仿制图章工具的使用方法一样，使用修复画笔工具可以利用图像或图案中的样本像素来绘画。修复画笔工具还可将样本像素的纹理、光照、透明度和阴影与所修复的像素进行匹配，从而使修复后的像素不留痕迹地融入图像的其余部分，该效果是仿制图章工具无法实现的。

Photoshop Extended可以对视频帧或动画帧应用修复画笔工具。

操作步骤为：

1. 选择修复画笔工具；

2. 单击选项栏中的画笔样本，并在弹出面板中设置“画笔”选项：

(1) 模式：指定混合模式。

(2) 源：指定用于修复像素的源。“取样”可以使用当前图像的像素，而“图案”可以使用某个图案的像素。如果选择了“图案”，则要从“图案”弹出面板中选择一个图案。

(3) 对齐：连续对像素进行取样，即使释放鼠标按钮，也不会丢失当前取样点。如果取消选择“对齐”，则会在每次停止并重新开始绘制时使用初始取样点中的样本像素。

(4) 样本：从指定的图层中进行数据取样。图层可选择“当前图层”、“当前和下方图层”或“所有图层”。

3. 在图像区域的上方按下鼠标并按住“Alt”键，可以设置取样点。

注：如果要从一幅图像中取样并应用到另一图像，则这两个图像的颜色模式必须相同，除非其中一幅图像处于灰度模式。

4. (可选)在“仿制源”面板中，单击“仿制源”按钮并设置其他取样点、选择样本源、改变仿制源的大小和角度等。

5. 在图像中单击或拖动鼠标，每次释放鼠标按钮时，取样的像素都会与现有像素混合。

如果要修复的区域边缘有强烈的对比度，则在使用修复画笔工具之前，先建立一个选区，且选区应该比要修复的区域大，但是要精确地遵从对比像素的边界。

四、使用污点修复画笔工具进行修饰

污点修复画笔工具可以快速移去照片中的污点和其他不理想部分。污点修复画笔的工作方式与修复画笔类似：它使用图像或图案中的样本像素进行绘画，并将样本像素的纹理、光照、透明度和阴影与所修复的像素相匹配。与修复画笔不同的是：污点修复画笔不要求指定样本点。污点修复画笔将自动从所修饰区域的周围取样。

如果需要修饰大片区域或需要更大程度地控制来源取样，则应该使用修复画笔而不是污点修复画笔。操作步骤是：

1. 选择工具箱中的污点修复画笔工具；

2. 在选项栏中选取一种画笔大小，比要修复的区域稍大一点的画笔最为适合，这样只需单击一次即可覆盖整个区域。

3. (可选)从选项栏的“模式”菜单中选取一种混合模式。选择“替换”可以在使用柔边画笔时，保留画笔描边的边缘处的杂色、胶片颗粒和纹理。

4. 在选项栏中选取一种“类型”选项：

近似匹配：使用选区边缘周围的像素，找到要用作修补的区域。

创建纹理：使用选区中的像素创建纹理。如果纹理不起作用，请尝试再次拖过该区域。

内容识别：比较附近的图像内容，不留痕迹地填充选区，同时保留让图像栩栩如生的关键细节，如阴影和对象边缘。

五、利用涂抹工具涂抹图像区域

涂抹工具是用描边开始位置的颜色，沿拖动的方向展开这种颜色。操作步骤是：

1. 选择涂抹工具；

2. 在选项栏中选取画笔笔尖和混合模式选项；

3. 在选项栏中选择“对所有图层取样”，可利用所有可见图层中的颜色数据来进行涂抹；如果取消选择此选项，则涂抹工具只使用现用图层中的颜色；

4. 在选项栏中选择“手指绘画”，可使用每个描边起点处的前景色进行涂抹；如果取消选择该选项，涂抹工具会使用每个描边的起点处指针所指的颜色进行涂抹；

5. 在图像中拖动以涂抹像素。

当用涂抹工具拖动时，按住“Alt”键可使用“手指绘画”选项。

图 15-4 是利用涂抹工具所产生的结果。

15-4a　原图

15-4b　修补后

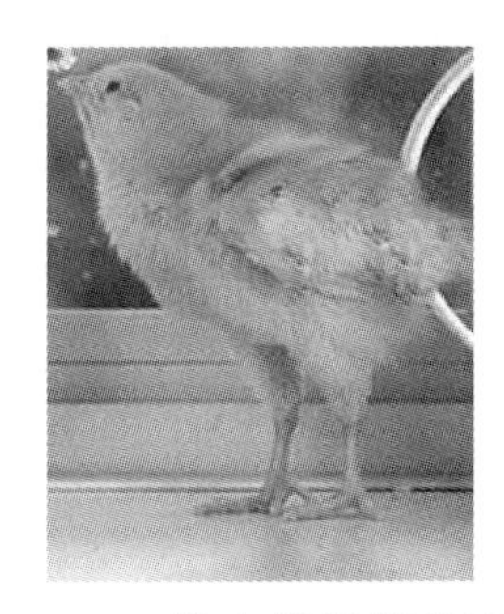

15-4c　拉出背部部分羽毛

图 15-4　利用涂抹工具修复图片

六、用模糊工具模糊图像区域

模糊工具可柔化硬边缘或减少图像中的细节。使用此工具在某个区域上方绘制的次数越多，该区域就越模糊。操作步骤是：

1. 选择模糊工具；

2. 在选项栏中执行下列操作：

- 在选项栏中选取画笔笔尖，并为混合模式和强度设置选项；
- 选择选项栏中的“对所有图层取样”，以使用所有可见图层中的数据进行模糊处理；如果取消选择此选项，则模糊工具只使用现有图层中的数据；

3. 在要进行模糊处理的图像部分上拖动。

七、用锐化工具锐化图像区域

锐化工具用于增加边缘的对比度以增强外观上的锐化程度。用此工具在某个区域上方绘制的次数越多，增强的锐化效果就越明显。操作步骤是：

1. 选择锐化工具；

2. 在选项栏中执行下列操作：

● 选择一个画笔笔尖,并设置用于混合模式和强度的选项;

● 选择“对所有图层取样”,以使用所有可见图层中的数据进行锐化处理;如果取消选择该选项,则该工具只使用现有图层中的数据;

● 选择“保护细节”可以增强细节并使因像素化而产生的不自然感最小化;如果要产生更夸张的锐化效果,请取消选择此选项;

3. 在要锐化处理的图像部分拖动。

八、用减淡或加深工具减淡或加深区域

减淡工具和加深工具基于用于调节照片特定区域的曝光度的传统摄影技术，可用于使图像区域变亮或变暗,相当于摄影师遮挡光线以使照片中的某个区域变亮(减淡),或增加曝光度以使照片中的某些区域变暗(加深)。用减淡或加深工具在某个区域上方绘制的次数越多,该区域就会变得越亮或越暗。操作步骤如下:

1. 选择减淡工具 或加深工具;

2. 在选项栏中选取画笔笔尖并设置画笔选项;

3. 在选项栏中,从“范围”菜单选择下列选项之一:

(1) 阴影:更改暗区域。

(2) 中间调:更改灰色的中间范围。

(3) 高光:更改亮区域。

4. 为减淡工具或加深工具指定曝光度;

5. 单击“喷枪”按钮 以将画笔用作喷枪,或者在“画笔”面板中选择“喷枪”选项;

6. 选择“保护色调”选项以最小化阴影和高光中的修剪,该选项还可以防止颜色发生色相偏移;

7. 在要变亮或变暗的图像部分上拖动。

图 15-5 就是利用涂抹、锐化、模糊、减淡等工具操作后产生的效果。

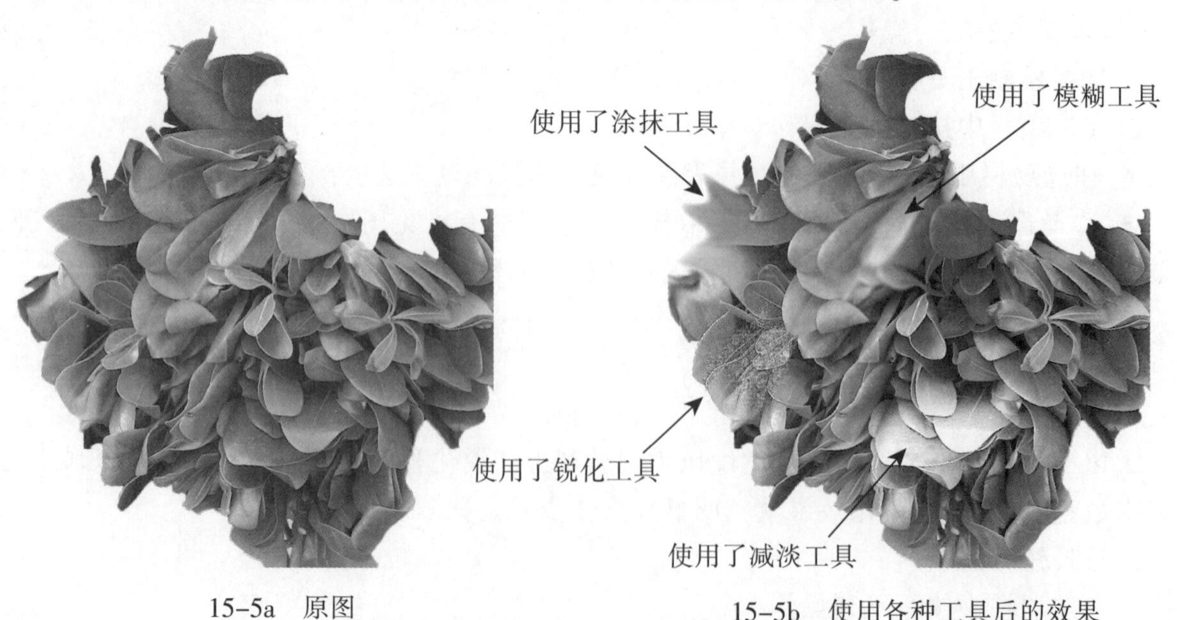

15-5a 原图　　15-5b 使用各种工具后的效果

图 15-5 使用涂抹、加深等工具后的效果

练 习

一、消除红眼。

方法 1:用魔术棒选中红眼→“图像”菜单→“调整”→“去色”。

方法 2:用消除红眼工具。

二、脸部的修饰(图 15-6)。

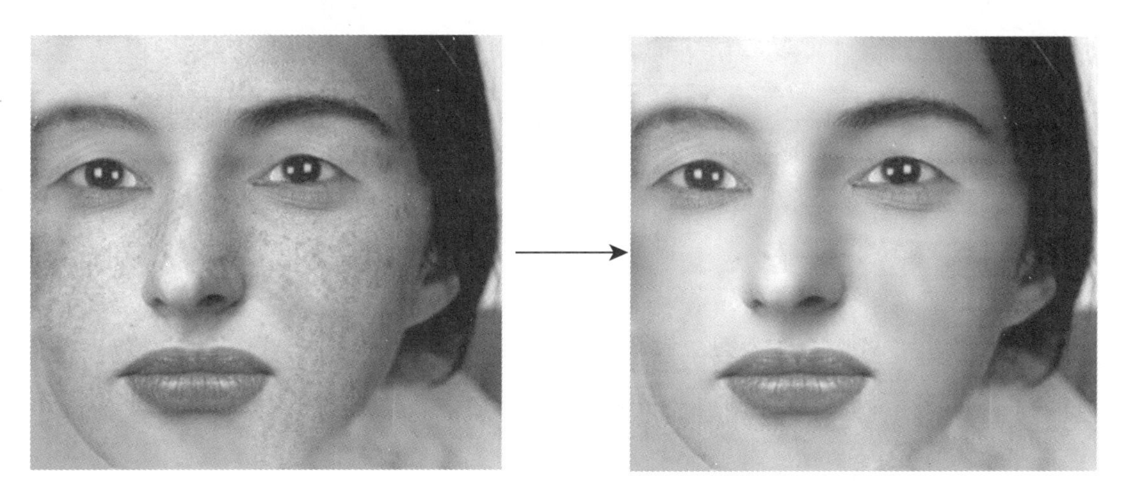

图 15-6 修掉雀斑

参考操作:

1. 利用修补工具修改多次;
2. 利用修复画笔工具修改多次;
3. “滤镜”→“高斯模糊”(5.0);
4. 选历史记录画笔工具,历史记录中选中“高斯模糊”作为历史画笔的源;
5. 历史记录中退回到上一步的修复画笔;
6. 在需要修改的地方涂抹。

三、使用适当的工具完成图15-7的修饰,使丑女变美女。

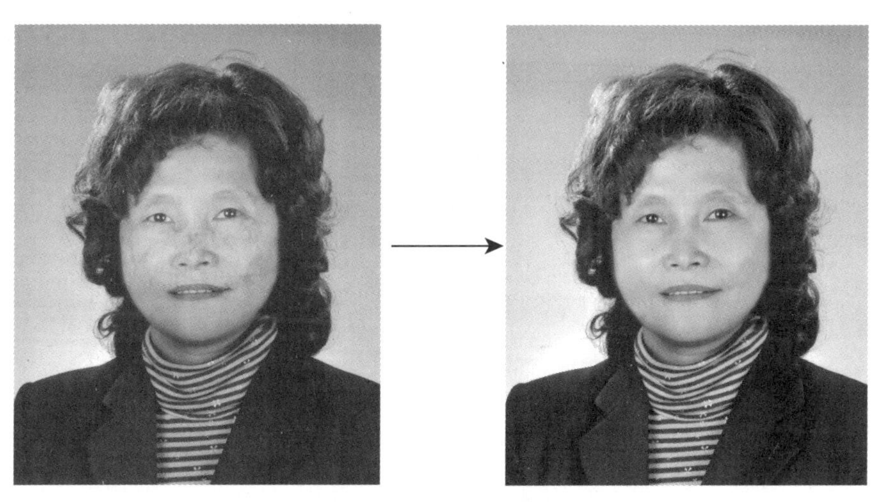

图 15-7 修饰照片

四、选用适当的工具修复和改变旧照片的颜色(图15-8)。

图 15-8　修改旧照片

参考操作：

1. 利用修补工具和仿制图章工具将照片的瑕疵修补掉；
2. 利用颜色画笔改变衣服颜色；
3. 利用调整下的变化命令修改脸部和背景色。

第十六章　自动化操作

在照片处理中，经常会碰到一批照片要做同样的操作，比如把照片改成统一的大小，这就需要用自动化操作来完成，一是可以节约时间，二是可以确保操作结果的一致性。Photoshop 提供了多种自动执行任务的方法：使用预置或自定义的动作、使用文件菜单下自动中的“快捷批处理”或“批处理”命令、文件菜单下的脚本中的图像处理器、模板、变量以及数据组等。

一、使用图像处理器转换一批文件

图像处理器可以转换和处理多个文件。不需要先创建动作，直接可以使用图像处理器来处理文件。图像处理器中可执行的操作主要是：

- 将一组文件转换为 JPEG、PSD 或 TIFF 格式之一，或将文件同时转换成此 3 种格式，且可同时调整图像大小，使其适应指定的像素大小。比如有 3 个 bmp 文件，要将它们转换为 JPEG、TIFF 文件，并按要求调整图像大小，用图像处理器，设置好操作要求，一次操作就可完成。
- 使用相同选项来处理一组相机原始数据文件。
- 嵌入颜色配置文件或将一组文件转换为 sRGB，然后将它们存储为用于 Web 的 JPEG 图像。
- 在转换后的图像中包括版权元数据。

（一）图像处理器界面

在 Photoshop 中，执行“文件”→“脚本”→“图像处理器”，打开图像处理器界面。

在 Bridge 中，执行“工具”→“Photoshop”→“图像处理器”，打开图像处理器界面。

图像处理器的设置界面如图 16-1 所示。

（二）图像处理器中各项的设置

1. 选择要处理的图像。

(1) 其中有两个单选选择：选择已经打开的图像；或选择处理一个文件夹中的文件。

(2) (可选)选择“打开第一个要应用设置的图像”，可以对所有图像应用相同的设置。

如果要处理一组在相同光照条件下拍摄的相机原始数据文件，可以将第一幅图像的设置调整到满意的程度，然后对其余图像应用同样的设置。

如果文件的颜色配置文件与工作配置文件不符，则需要对 PSD 或 JPEG 源图像应用此选项。可以选取转换文件夹中的第一幅图像和全部图像所使用的颜色配置文件。

2. 选择要存储处理后的文件的保存位置。

(1) 如果处理后的文件存储到原来的位置，每个文件都将以其自己的文件名存储，而不进行覆盖。

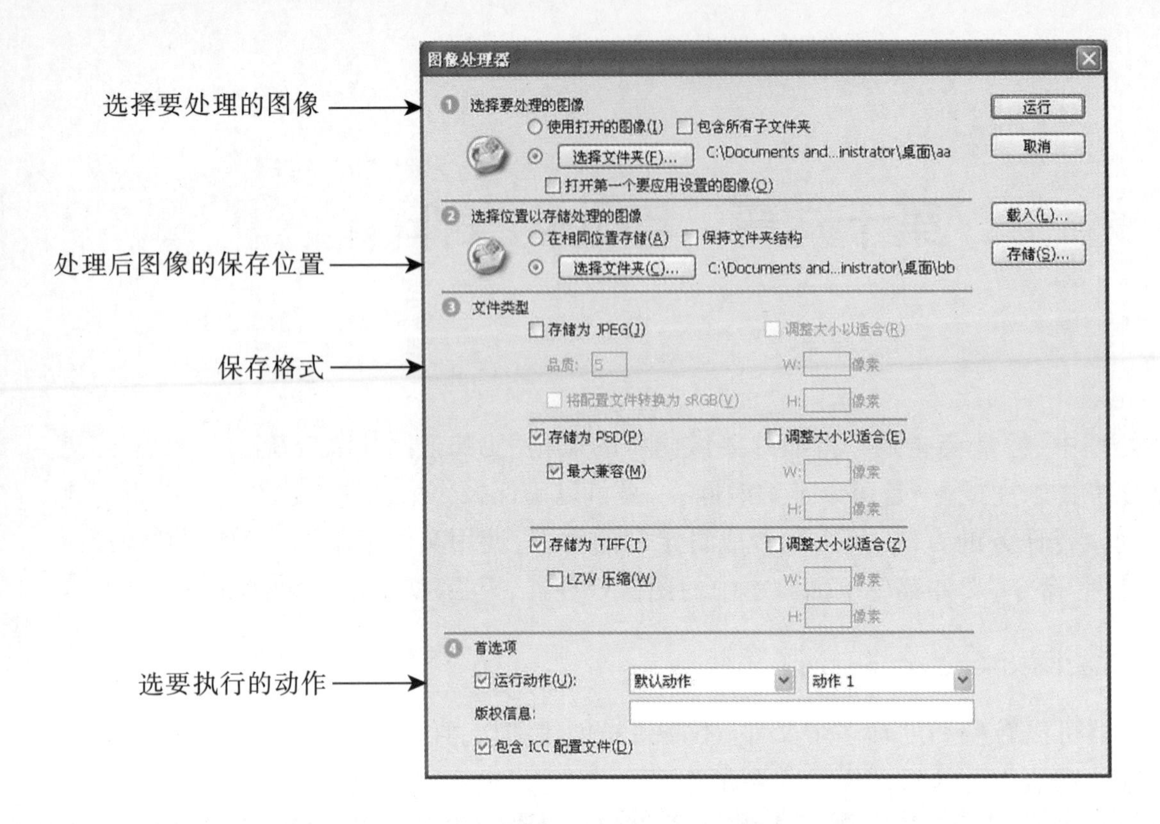

图 16-1 “图像处理器”对话框

(2) 如果处理后的文件存储到指定的文件夹,则选择文件夹。

3. 选择要存储的文件类型和选项。

(1) 存储为 JPEG:将图像以 JPEG 格式存储在名为 JPEG 的目标文件夹中。可选将配置文件转换为 sRGB。如果要将配置文件与图像一起存储,要确保选中“包含 ICC(色彩管理文件)配置文件”。设置 JPEG 图像品质可以是 0~12。

(2) 存储为 PSD:将图像以 PSD 格式存储在名为 PSD 的目标文件夹中,并选最大兼容。

(3) 存储为 TIFF:将图像以 TIFF 格式存储在名为 TIFF 的目标文件夹中。可使用 LZW 压缩方案存储 TIFF 文件

各种格式都可以调整大小,在“宽度”和“高度”中输入尺寸。

4. 设置其他处理选项。

(1) 运行动作:运行 Photoshop 动作。从第一个菜单中选取动作组,从第二个菜单中选取动作。必须在“动作”面板中载入动作组后,它们才会出现在这些菜单中。

(2) 版权信息:包括在文件的 IPTC 版权元数据中输入的任何文本。此处所含文本将覆盖原始文件中的版权元数据。

(3) 包含 ICC 配置文件:在存储的文件中嵌入颜色配置文件。

5. 单击“运行”。

处理图像前,单击“存储”可以存储对话框中的当前设置。下次需要使用该组设置处理文件时,要先单击“载入”,然后浏览到存储的图像处理器设置。

例：利用图像处理器命令，将桌面上 AA 文件夹下的文件转换为 JPEG、PSD、TIFF 文件，并存放在桌面上的 BB 文件夹中。

操作步骤：

1. “文件”菜单→“脚本”→“图像处理器”；

2. 选择要处理的图像：选“选择文件夹”→选桌面→选 AA 文件夹；

3. 选择保存位置：选“输出文件夹”→选桌面→选 BB 文件夹；

4. 文件类型：选 JPEG、PSD、TIFF；

5. 单击“运行”。

结果可以看到 BB 文件夹下生成了 3 个子文件夹，分别是 JPEG、PSD、TIFF。文件夹中存放了主文件名和 AA 文件夹中文件相同的、扩展名分别为 JPG、PSD、TIF 的文件。

二、使用批处理命令

执行“文件”→“自动”→“批处理”(Photoshop) 或执行“工具”→“Photoshop”→“批处理”(Bridge)，进入“批处理”对话框。在“批处理”对话框中指定选项，就可以执行批处理。批处理设置界面如图 16-2 所示。

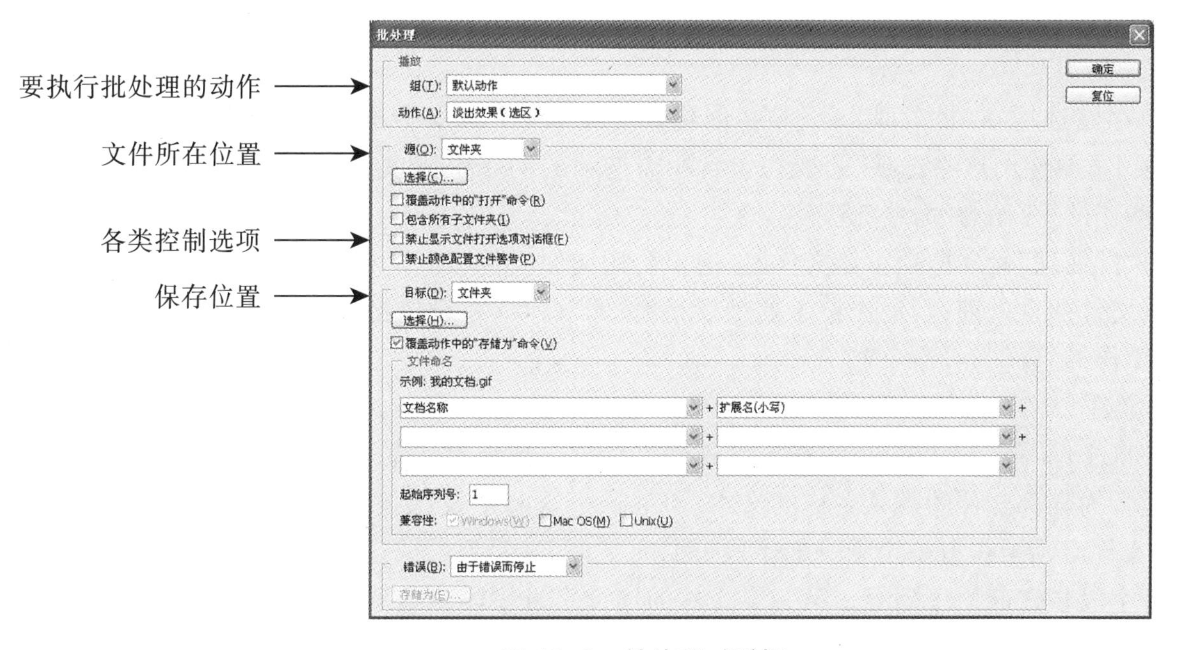

图 16-2　批处理对话框

批处理对话框中各项选择的含义如下：

1. 要执行批处理的动作

选择动作所在的组和动作。

2. 源文件的选择和处理

(1) 选择源文件所在的文件夹；

(2) 设置覆盖选项。

覆盖动作中的“打开”命令选项：要使用此选项，动作必须包含“打开”命令。否则，“批处理”命令将不会打开已选择用来进行批处理的文件。如果动作命令中不包含“打开”，则不要选择此项。

包含所有子文件夹:处理指定文件夹的子目录中的文件。

禁止显示文件打开选项对话框:隐藏“文件打开选项”对话框。当对相机原始图像文件的动作进行批处理时,这是很有用的。将使用默认设置或以前指定的设置。

禁止颜色配置文件警告:关闭颜色方案信息的显示。

3. “目标”菜单

(1) 设置用于存储已处理文件的位置

无:使文件保持打开而不存储更改(除非动作包括“存储”命令)。

存储并关闭:将文件存储在它们的当前位置,并覆盖原来的文件。

文件夹:将处理过的文件存储到另一位置。单击“选择”可指定目标文件夹。

(2) 覆盖动作中的“存储为”命令

如果没有选择此选项并且动作中包含“存储为”命令,则将文件存储到由动作中的“存储为”命令指定的文件夹中,而不是存储到“批处理”命令中指定的文件夹中。此外,如果没有选择此选项并且动作中的“存储为”命令指定了一个文件名,则在“批处理”命令每次处理图像时都会覆盖相同的文件(动作中指定的文件)。

要使用此选项,动作中必须包含“存储为”命令。否则,“批处理”命令将不会存储已处理的文件。

某些存储选项在“批处理”命令或“创建快捷批处理”命令中不可用(例如,JPEG 压缩或 TIFF 选项)。要使用这些选项,需要在包含所需选项的动作中记录一个“存储为”步骤,然后使用“覆盖动作的‘存储为’命令”选项。

使用“批处理”命令选项存储文件时,通常会用与原文件相同的格式存储文件。要创建以新格式存储文件的批处理,则动作记录的最后是“关闭”命令,在设置批处理时选取“目标”菜单中的“覆盖动作的‘存储为’命令”。

(3) 文件命名

如果将文件写入新文件夹,请指定文件命名约定。从弹出式菜单中选择元素,或在字段中输入要组合为全部文件的默认名称的文本。可以通过这些字段,更改文件名各部分的顺序和格式。每个文件必须至少有一个唯一的字段(例如,文件名、序列号或连续字母),起始序列号为所有序列号字段指定起始序列号。第一个文件的连续字母字段总是从字母“A”开始。

(4) 兼容性

使文件名与 Windows、Mac OS 和 UNIX 操作系统兼容。

4. 错误菜单

指定处理错误的方法如下所示:

(1) 由于错误而停止:挂起进程,直到确认了错误信息为止。

(2) 将错误记录到文件:将每个错误记录在文件中而不停止进程。如果有错误记录到文件中,则在处理完毕后将出现一条信息。要查看错误文件,可以在运行“批处理”命令之后,使用文本编辑器打开它。

5. 单击“确定”

例:将桌面上AA文件夹下的彩色图片都转换为灰度文件,并将转换后的文件存入桌面上的BB文件夹中。

操作步骤：

1. 打开任何一张图片，在默认动作中建立动作1：记录“图像”菜单下的模式中的灰度命令(注意记录完成后要按停止记录)；

2. 执行“文件”→“自动”→“批处理”；

3. 动作组选“默认动作”，动作选“动作1”；

4. 源文件夹选“桌面”→“AA”；

5. 目标文件夹选“桌面”→“BB”；

6. 单击“确定”。

结果可以看到BB文件夹中有和AA文件夹中相同文件名的文件，只是模式不同。AA中为彩色文件，BB中为灰度文件。

三、使用快捷批处理来处理文件

快捷批处理类似于批处理，将动作应用于一个或多个图像，但可以将“快捷批处理”存储在桌面上或磁盘上的另一位置，是一个以EXE为扩展名的可执行文件。图标如图16-3所示。只要将源文件夹拖动到此图标，就完成了批处理，十分快捷、方便。

动作是创建快捷批处理的基础。在创建快捷批处理前，必须在“动作”面板中创建所需的动作。

图 16-3 “快捷批处理”图标

快捷批处理对话框类似批处理对话框，但略有不同，主要设置项为：

1. 选取“文件”→“自动”→“创建快捷批处理”。

2. 指定快捷批处理的存储位置。单击对话框的“将快捷批处理存储于”部分中的“选择”，然后浏览到该位置。

3. 选择“动作组”，然后指定打算在“组合”和“动作”菜单中使用的动作(在打开对话框前选择“动作”面板中的动作可以预先选择这些菜单)。

4. 设置处理、存储和文件命名选项。

使用快捷批处理来处理文件：将文件或文件夹拖动到快捷批处理图标上。如果 Photoshop 尚未运行，则将启动 Photoshop。

四、全景图

Photomerge 命令将多幅照片组合成一个连续的图像。例如，在上海外滩拍摄了5张重叠的照片，要将它们合并到一张全景图中，就可以用Photomerge 命令完成。Photomerge 命令能够汇集水平平铺和垂直平铺的照片。

执行 “文件”→“自动”→“Photomerge”，进入Photomerge，然后选取源文件并指定版面和混合选项。所选的选项取决于拍摄全景图的方式。例如，如果是为 360 度全景图拍摄的图像，则推荐使用“球面”版面选项。该选项会缝合图像并变换它们，就像这些图像是映射到球体内部一样；否则可以选自动模式。

(一) 用于 Photomerge 的照片的拍摄规则

源照片在全景图合成图像中起着重要的作用,所以源照片的拍摄要按照下列规则:

1. 充分重叠图像。

图像之间的重叠区域应约为 30%左右。如果重叠区域较小,则 Photomerge 可能无法自动汇集全景图。但图像的重合度也不能太高,如果达到 70% 或更高,那么 Photomerge 可能无法混合这些图像。各个图片之间应该至少具有一些明显不同的地方。

2. 使用同一焦距。

如果使用的是缩放镜头,则在拍摄照片时不要改变焦距(放大或缩小)。

3. 使相机保持水平。

如果照片之间有好几度的倾斜,在汇集全景图时可能会导致错误,所以最好使用带有旋转头的三脚架,有助于保持相机的准直和视点。

4. 保持相同的位置。

为了使照片来自同一个视点,最好使用三脚架以使相机保持在同一位置上。

5. 避免使用扭曲镜头。

扭曲镜头可能会影响 Photomerge。但是,“自动” 选项会对使用鱼眼镜头拍摄的照片进行调整。

6. 保持同样的曝光度

所有的照片要具有相同的曝光度,不要在一些照片中使用闪光灯,而在另一些照片中不使用闪光灯。Photomerge 很难使差别极大的曝光度达到一致。

(二) 创建 Photomerge 合成图像的操作

1. 选择“文件”→“自动”→“Photomerge”,进入 Photomerge 对话框。

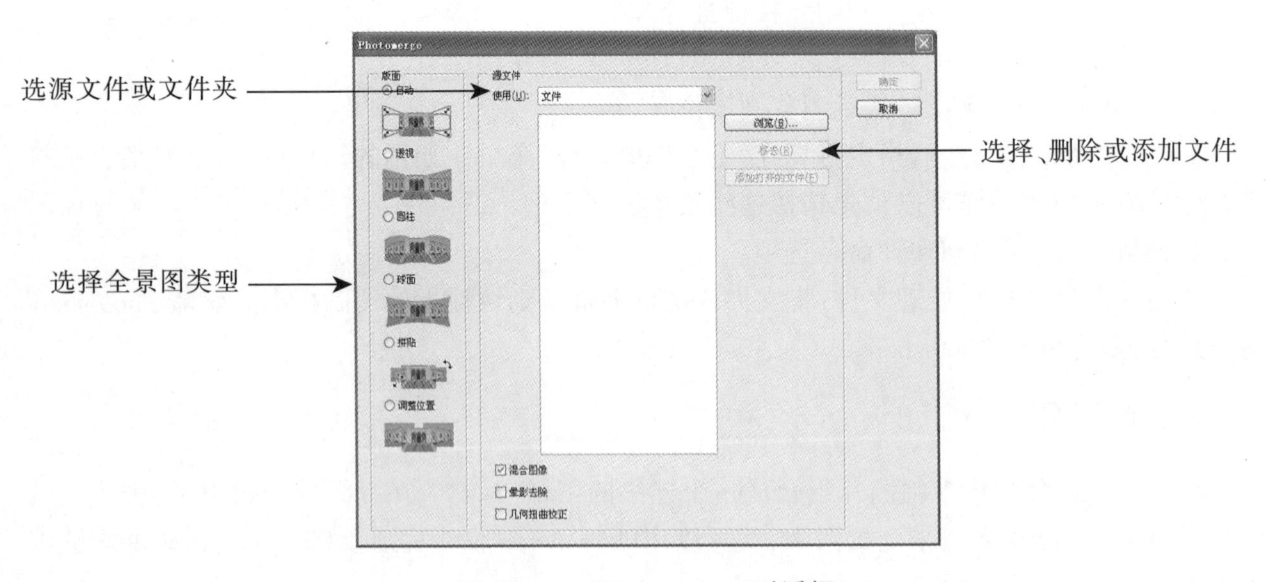

图 16-4 “Photomerge”对话框

2. 在“Photomerge”对话框的“源文件”下,从“使用”菜单中进行选项。

(1) 文件:使用个别文件生成 Photomerge 合成图像。

(2) 文件夹:使用存储在一个文件夹中的所有图像来创建 Photomerge 合成图像。

3. “浏览”按钮:选择文件或文件夹。

“添加打开的文件”按钮:使用已经在 Photoshop 中打开的图像。

“移去”按钮:从“源文件”列表中删除图像。

4. Photomerge 合成图像的结果类型。

(1) 自动

Photoshop 分析源图像并自动应用“透视”或“圆柱”和“球面”版面,具体取决于哪一种版面能够生成更好的 Photomerge。

(2) 透视

通过将源图像中位于中间位置的图像指定为参考图像来创建一致的复合图像, 然后变换其他图像,如进行位置调整、伸展或斜切,以便匹配图层的重叠内容。

(3) 圆柱

通过在展开的圆柱上显示各个图像来减少在“透视”版面中会出现的“领结”扭曲。文件的重叠内容仍匹配,将参考图像居中放置。最适合于创建宽全景图。

(4) 球面

对齐并转换图像,使其映射球体内部。如果有一组环绕 360 度的图像,使用此选项可创建 360 度全景图。

(5) 拼贴

对齐图层并匹配重叠内容,同时变换(旋转或缩放)任何源图层。

(6) 调整位置

对齐图层并匹配重叠内容,但不会变换(伸展或斜切)任何源图层。

5. “Photomerge”对话框的几个复选框含义。

(1) 混合图像

找出图像间的最佳边界并根据这些边界创建接缝,以使图像的颜色相匹配。关闭“混合图像”时,将执行简单的矩形混合。如果要手动修饰混合蒙版,应该选此操作。

(2) 晕影去除

在由于镜头瑕疵或镜头遮光处理不当而导致边缘较暗的图像中去除晕影, 并执行曝光度补偿。

(3) 几何扭曲校正

补偿桶形、枕形或鱼眼失真。

Photoshop 可以根据源图像创建一个多图层图像,并且可以根据需要添加图层蒙版以创建图像重叠位置的最佳混合。可以编辑图层蒙版或添加调整图层,以便进一步微调全景图的其他区域。

(三) 创建 360 度全景图 (Photoshop Extended)

组合具有3D功能的 Photomerge,以创建 360 度的全景图。首先将图像缝合成全景图,然后使用“球面全景”命令折叠全景图使之变成连续的。

确保拍摄具有足够重叠部分的正圆形图像。使用三脚架上的全景头进行拍照,可以帮助产生更佳的效果。操作步骤是:

1. 选取“文件”→“自动”→“Photomerge”。

2. 在“Photomerge”对话框中,添加要使用的图像。

请勿包含覆盖场景顶部(顶点)或底部(最低点)的图像。这些图像将稍后添加。

3. 选择“球面”版面。

4. (可选)选择“晕影去除”或“几何扭曲校正”,进行“镜头校正”。

5. 单击“确定”。

全景图像边缘会有透明像素。可以裁剪掉像素,或使用“位移”滤镜来标识并移去像素,或用仿制图章修补透明部分。

6. 选取“3D”→“从图层新建形状”→“球面全景”。

7. (可选)手动将顶部图像和底部图像添加到球面中。还可以在3D球面全景图层中涂掉任何剩余的透明像素。

五、裁剪并修齐照片

可以在扫描仪中放入若干照片并一次性扫描,这将创建一个图像文件。“裁剪并修齐照片”命令是一项自动化功能,可以将多图像扫描的图像创建成单独的图像文件。

为了获得最佳结果,应该在要扫描的图像之间保持一定的间距,而且背景(通常是扫描仪的台面)应该是没有什么杂色的均匀颜色。“裁剪并修齐照片”命令比较适合于外形轮廓十分清晰的图像。如果“裁剪并修齐照片”命令无法正确处理图像文件,则只能使用裁剪工具处理了。具体操作为:

1. 打开包含要分离的图像的扫描文件。

2. 选择包含这些图像的图层。

3. (可选)在要处理的图像周围绘制一个选区。

如果不想处理扫描文件中的所有图像,此操作将很有用。

4. 选取“文件”→“自动”→“裁剪并修齐照片”,将对扫描后的图像进行处理,然后在其各自的窗口中打开每个图像。

如果“裁剪并修齐照片”命令对某一张图像进行的拆分不正确,可以围绕该图像和部分背景建立一个选区边界,然后在选取该命令时按住“Alt”键,这样则只有一幅图像从背景中分离出来。

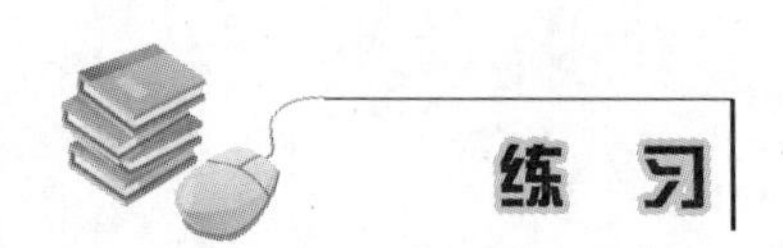

练 习

一、利用批处理,将AA文件夹下的所有JPG文件转换为TIFF文件,并存储在BB文件夹中。

操作步骤:

1. 打开任意图像;

2. 在动作面板中建立新动作,记录:“文件”→“存储为”→选TIFF格式;

3. 停止记录;

4. “文件”→“自动”→“批处理”:选动作1,源:选文件夹AA,目标:选文件夹BB,选覆盖动作中的“存储为”命令→确定。

二、利用创建快捷批处理,完成将AA文件夹下的所有JPG文件转换为TIFF文件,并存储在BB文件夹中。

操作步骤：

1. 打开任意图像；

2. 在动作面板中建立新动作，记录："文件"→"存储为"→选TIFF格式；

3. "文件"→"自动"→"创建快捷批处理"：选择快捷批处理文件的存储位置，比如桌面；播放选动作1；目标：选文件夹BB，选覆盖动作中的"存储为"命令→确定；

4. 将AA文件夹拖到创建的快捷批处理图标。

三、运用图像处理器，将AA文件夹中的文件同时转换为PSD和TIFF文件，并存放在BB文件夹中。

操作步骤：

1. "文件"→"脚本"→"图像处理器"；

2. 选要处理的文件的文件夹；

3. 选要存储的目标位置；

4. 设置要转换的类型。

四、利用Photoshop安装目录下的Photomerge文件夹中的文件完成全景图(图16–5)。

16–5a　Photomerge 生成的透视图

16–5b　用其他工具修补后的照片

图 16–5　360 度全景图

五、利用场景1.jpg、场景2.jpg、场景3.jpg制作如下全景图(图16–6)。

图 16-6　全景图

六、利用“文件”→“自动”→“裁剪并修齐照片”，将风景图(16-4.jpg)裁剪成3张照片。

图 16-7　风景图(16-4.jpg)

第十七章　图层样式

图层样式是应用于图层或图层组的一种或多种效果。“图层”菜单下选“图层样式”选项，可将图层处理得更完美。

一、图层样式选项

执行“图像”菜单→“图层样式”，选任何一个选项，进入图层样式窗口。图 17–1 是“图层样式”窗口。

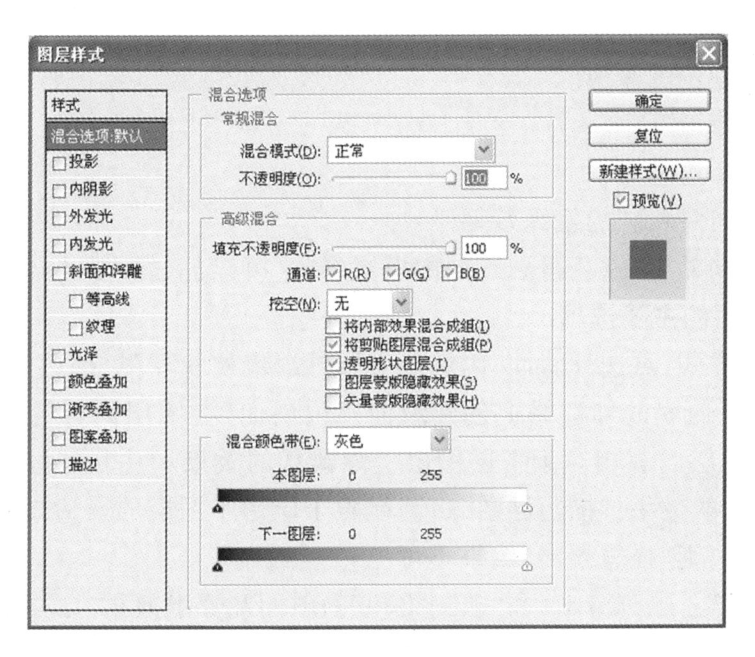

图 17–1　“图层样式”窗口

选择“图层样式”窗口左边的复选框，使图片产生一种或多种效果：

投影：在图层内容的后面添加阴影。

内阴影：紧靠在图层内容的边缘内添加阴影，使图层具有凹陷外观。

外发光和内发光：添加从图层内容的外边缘或内边缘发光的效果。

斜面和浮雕：对图层添加高光与阴影的各种组合。

光泽：应用创建光滑光泽的内部阴影。

颜色、渐变和图案叠加：用颜色、渐变或图案填充图层内容。

描边：使用颜色、渐变或图案在当前图层上描画对象的轮廓，对硬边形状（如文字）特别有用。

二、图层样式中的部分效果选项的作用

单击复选框可应用当前设置,但不显示效果的具体选项。单击效果名称可显示效果选项,并可按需要进行设置。

(一) 投影、内投影中的主要选项

混合模式:确定图层样式与下层图层(可以包括、也可以不包括现用图层)的混合方式。例如,在当前图层中设置了投影,而投影的模式只与当前图层下的图层混合。一般使用默认模式。

颜色:投影的颜色。

不透明度:投影的颜色深浅。

角度:投影的角度。

距离:投影和图片之间的距离。

等高线:选择不同的等高线,得到不同的投影效果。

(二) 内发光、外发光的主要选项

混合模式:确定图层样式与下层图层的混合方式。

不透明度:发光颜色的深浅。

颜色:可选纯色或渐变色。

阻塞:内发光的杂边边界。

方法:选“柔和”与“精确”的发光效果。

等高线:选择不同的等高线,得到不同的发光形状,可以创建透明光环。

(三) 浮雕和斜面的主要选项

样式:指定斜面样式,可选外斜面、内斜面、浮雕效果、枕状浮雕、描边浮雕。

“外斜面”在图层内容的外边缘上创建斜面;“内斜面”在图层内容的内边缘上创建斜面;“浮雕效果”模拟使图层内容相对于下层图层呈浮雕状的效果;“枕状浮雕”模拟将图层内容的边缘压入下层图层中的效果;“描边浮雕”将浮雕限于应用于图层的描边效果的边界(如果未将任何描边应用于图层,则“描边浮雕”效果不可见)。

方法:可选“平滑”、“雕刻清晰”和“雕刻柔和”的斜面和浮雕效果。

“平滑”可稍微模糊杂边的边缘;雕刻清晰用于消除锯齿形状(如文字)的硬边杂边。其保留细节特征的能力优于“平滑”技术;雕刻柔和使用经过修改的距离测量技术,对较大范围的杂边更有用,其保留特征的能力优于“平滑”技术。

深度:指定斜面深度。

角度:确定效果应用于图层时所采用的光照角度。可以在选项对话框中调整“投影”、“内阴影”或“光泽”效果的角度。

高度:对于斜面和浮雕效果,设置光源的高度。值为 0 表示底边;值为 90 表示图层的正上方。

消除锯齿:混合等高线或光泽等高线的边缘像素。此选项在具有复杂等高线的小阴影上最有用。

光泽等高线:选择不同的等高线,可以使得图形有不同的起伏、凹凸。

使用全局光：可以使用此设置来设置一个“主”光照角度，此角度可用于使用阴影的所有图层效果：“投影”、“内阴影”以及“斜面和浮雕”。在任何这些效果中，如果选中“使用全局光”复选框，并设置一个光照角度，则该角度将成为全局光源角度。选定了“使用全局光”的任何其他效果将自动继承相同的角度设置。如果取消选择“使用全局光”，则设置的光照角度将成为“局部的”，并且仅应用于该效果。也可以通过直接选取“图层样式”→“全局光”来设置全局光源角度。

纹理：选择一种纹理叠加在效果上。可以选缩放改变纹理的稀疏。

（四）颜色叠加

在图片上叠加颜色，可选需要的颜色并设置透明度。

（五）渐变叠加

混合模式：确定图层样式与下层图层的混合方式。

渐变：指定图层效果的渐变，可以选择一种渐变或编辑渐变。对于某些效果，可以指定附加的渐变选项：“反向”翻转渐变方向；“与图层对齐”使用图层的外框来计算渐变填充；“缩放”则缩放渐变的应用。还可以通过在”图像“窗口中单击和拖动来移动渐变中心或者在“样式”中指定渐变的形状来改变渐变的效果。

（六）图案叠加

图案：指定图层效果的图案。单击弹出式面板并选取一种图案。单击“从当前图案创建新的预设”按钮，根据当前设置创建新的预设图案。单击“贴紧原点”，如果“与图层链接”处于选定状态时，图案的原点与文档的原点相同；如果取消了“与图层链接”，原点在图层的左上角。如果希望图案在图层移动时随图层一起移动，可选择“与图层链接”。拖动“缩放”滑块，或输入一个值以指定图案的大小。拖动图案可在图层中定位图案；通过使用“贴紧原点”按钮来重设位置。如果未载入任何图案，则“图案”选项不可用。

（七）描边

大小：描边的粗细。

位置：可选描边的位置是外部、内部还是居中。

填充：可选颜色、渐变或图案。

三、应用或编辑自定图层样式

（一）应用图层样式

不能将图层样式应用于背景图层、锁定的图层或组。要将图层样式应用于背景图层，要先将该图层转换为常规图层。应用图层样式的主要操作为：

1. 从“图层”面板中选择单个图层。

2. 执行下列操作之一可打开图层样式窗口：

- 双击图层(在图层名称或缩览图的外部)。
- 单击“图层”面板底部的“添加图层样式”按钮fx，并从列表中选取效果。
- 从“图层”→“图层样式”子菜单中选取效果。

3. 编辑现有样式，请双击在“图层”面板中的图层名称下方显示的效果(单击“添加图层样式”图标fx旁边的三角形可显示样式中包含的效果)。

4. 在“图层样式”对话框中设置效果选项。如果需要，将其他效果添加到样式。

可以在不关闭图层样式对话框的情况下编辑多种效果。

(二) 应用自定图层样式

1. 将样式默认值更改为自定值

(1) 在“图层样式”对话框中,根据需要自定设置,如图17–2。

(2) 单击“确定”:默认。

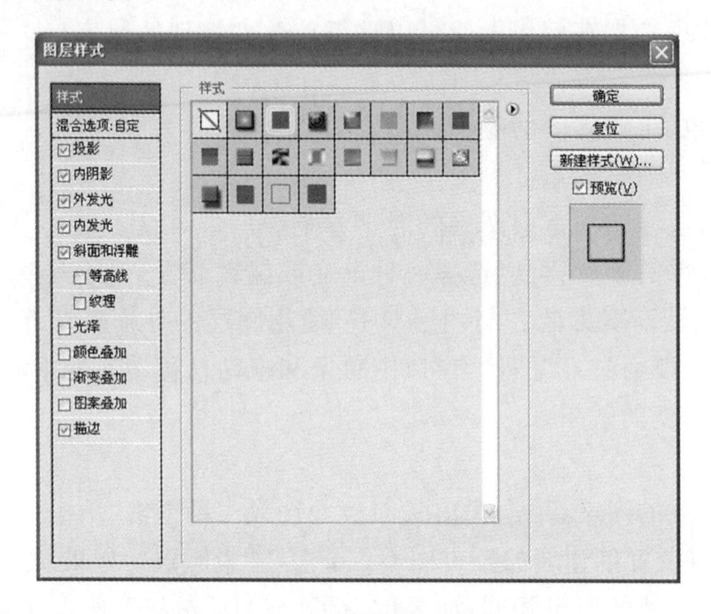

图 17–2 图层样式的默认或自定

在下次打开对话框时,系统会自动应用自定的默认值。如果要调整设置并希望恢复您自定的前默认值,请单击“复位为默认值”。

2. 更改或删除等高线

在创建自定图层样式时,可以使用等高线来控制“投影”、“内阴影”、“内发光”、“外发光”、“斜面和浮雕”以及“光泽”效果在指定范围上的形状。例如,“投影”上的“线性”等高线将导致不透明度在线性过渡效果中逐渐减少。使用“自定”等高线来创建独特的阴影过渡效果。可以在“等高线”弹出式面板和“预设管理器”中选择、复位、删除或更改等高线的预览。

(1) 等高线面板

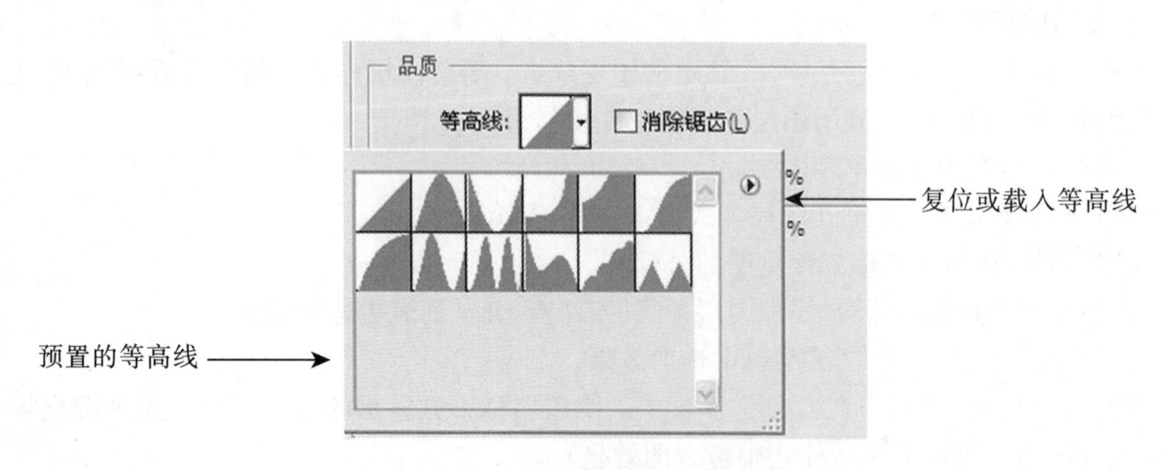

图 17–3 “等高线”对话框

A:单击以显示“等高线”对话框。

B:单击以显示弹出式面板。

(2) 创建自定等高线的操作

① 单击“图层样式”对话框中的等高线缩览图。

② 单击等高线以添加点,并拖动以调整等高线;或者输入“输入”值和“输出”值。

③ 要创建尖角而不是平滑曲线,请选择点并单击“边角”。

④ 要将等高线存储到文件,单击“存储”并命名等高线。

⑤ 要将等高线存储为预设,选取“新建”。

⑥ 单击“确定”,新等高线即会被添加到弹出式面板的底部。

(3) 载入等高线

单击“图层样式”对话框中的等高线,然后在“等高线”对话框中选取“载入”。转到包含要载入的等高线库的文件夹,然后单击“打开”。

(4) 删除等高线的操作

右键单击当前选定等高线,在弹出的快捷菜单中选“删除等高线”;或按住“Alt”键并单击要删除的等高线。

四、在图层之间拷贝图层样式

如果有多个图层要用相同的图层样式,那么用拷贝图层样式的方法比较简单。可以通过两种方法实现图层样式的拷贝,具体是:

(一) 利用拷贝、粘贴命令

1. 从“图层”面板中,选择包含要拷贝的样式的图层。

2. 选取“图层”→“图层样式”→“拷贝图层样式”。

3. 从面板中选择目标图层,然后选取“图层”→“图层样式”→“粘贴图层样式”。

粘贴的图层样式将替换目标图层上的现有图层样式。

(二) 通过拖动操作

执行下列操作之一:

- 在“图层”面板中按住“Alt”键,并将单个图层效果从一个图层拖动到另一个图层复制图层效果;或者将“效果”栏从一个图层拖动到另一个图层也可以复制图层样式(称为移动图层效果)。

- 将一个或多个图层效果从“图层”面板拖动到图像,以将结果图层样式应用于“图层”面板中包含放下点处的像素的最高图层(称为拖移图层效果)。

图层样式应用例:通过设置混合选项的填充不透明度设置为0来看图层样式的效果。

例1. 在图层1中用自定义路径工具画一个形状,然后转换为选区后用黑色填充,再在图层样式的混合选项中将填充不透明度设置为0,再选投影、内阴影、斜面和浮雕效果,观察效果,如图17-4。

17-4a 原图

17-4b 结果图

图 17-4 例 1

例 2. 在图层 1 中用自定义路径工具画一个形状,然后转换为选区,反选后用黑色填充,再在图层样式的混合选项中将填充不透明度设置为 0,再选投影、内阴影、斜面和浮雕效果,观察效果,如图 17-5。

如果是将透明度设置为 0,则用了图层样式后,不留下任何图形的踪迹。

17-5a 原图

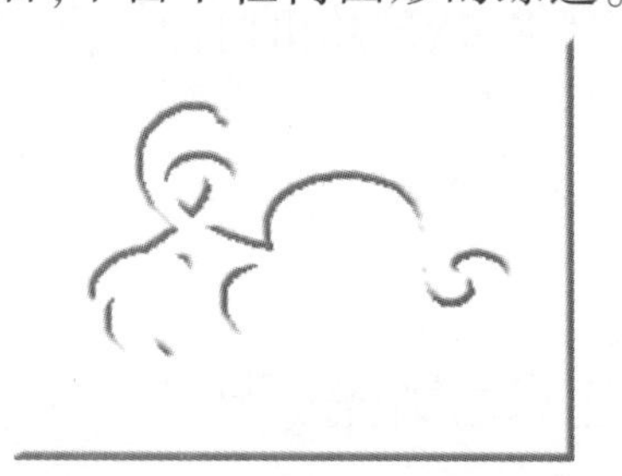
17-5b 结果图

图 17-5 例 2

例 3. 利用自定义形状工具画出图形后使用阴影、等高线、斜面和浮雕效果,如图 17-6。

17-6a 原图

17-6b 使用投影、等高线

17-6c 再使用斜面和浮雕、等高线

图 17-6 多种图层样式效果

操作步骤:

1. 选择自定义形状工具,在选项栏中选填充像素,在形状中选图 17-6a 的形状;
2. 新建图层,前景色为红色,画出选中的形状;
3. "图层"菜单→"图层样式"→"投影"、选"等高线"→"确定",保存文件,如图 17-6b;
4. "图层"菜单→"图层样式"→选"斜面和浮雕"、选"等高线"→"确定",保存文件。

练 习

一、实现图 17-7 的效果。

图 17-7　砖墙效果

图 17-8　立体的染色玻璃效果

参考操作：

1. 在新文件中，执行动作命令中的“纹理”→“砖”(brick)；
2. 在新通道中输入文字：砖墙；
3. 在 RGB 通道中“载入选区”→“反选”→新建图层，填充颜色；
4. “图层样式”→“混合选项”→填充不透明度设置为 0，选投影、内阴影、斜面和浮雕效果。

二、完成图 17-8 的设计。

参考操作：

1. 在新通道中用染色玻璃滤镜；
2. 回到 RGB，回到“图层”面板；
3. 载入 Alpha 选区；
4. 用渐变色填充；
5. 在图层样式中选自己喜欢的效果。

三、制作下列镜框(图 17-9)。

图 17-9　制作镜框

参考操作：
1. 打开图片；
2. “图像”→“画布大小”，高度、宽度各放大 2 厘米；
3. 用魔术棒选中放出的部分，新建图层后，填充颜色，取消选择；
4. 在图层样式中选各个选项，比如：斜面和浮雕、颜色、等高线，达到喜欢的效果。

四、设计手镯(图 17–10)。

图 17–10　制作背景和手镯

参考操作：
1. 新建黑色文件；
2. 利用白色到透明的渐变色，径向渐变的方式，在文件中画若干个大小不一的椭圆；
3. 选红色通道，“滤镜”→“扭曲”→“切变”，做适当的切变；
4. 选绿色通道，“滤镜”→“扭曲”→“旋转扭曲”，做适当的扭曲；
5. 选蓝色通道，“滤镜”→“扭曲”→“极坐标”，选“极坐标到平面坐标”；
6. 回到 RGB 通道，回到“图层”；
7. 新建图层，画一个正圆选区，填充颜色；
8. “选择”→“变换选区”，将选区缩小，删除选区中的内容；
9. “图层”→“图层样式”，选各种效果(斜面和浮雕、等高线、纹理、颜色叠加)，产生手镯。

第十八章　各种滤镜及通道、图层模式的综合应用

滤镜主要用于修饰照片，或产生各种特殊效果。可以在图层中使用滤镜命令，也可以在通道中应用滤镜，但不能将滤镜应用于位图模式或索引颜色的图像。使用滤镜后的图层再设置图层模式的话，又可以产生另一种效果。图 18–1a 是对图层 1 使用了投影、斜面和浮雕及镜头光晕滤镜的效果，18–1b 为在 18–1a 的基础上又在图层模式中使用了溶解的效果。

18–1a　原图

18–1b　结果图

图 18–1　滤镜、图层模式的应用

一、常用滤镜

(一) 扭曲滤镜

将图像进行几何扭曲，创建 3D 或其他整形效果。这些滤镜可能占用大量内存。

1. 扩散亮光

此滤镜给图像的选区添加杂色，并从选区的中心向外渐隐亮光，很像在选区上加了一层沙子。结果颜色和选区内的色彩、背景色、扩散亮光中的数据设置都有关。

18–2a　原图

18–2b　选定区域

18–2c　扩散亮光滤镜

图 18–2　扩散亮光

2. 置换

使用 PSD 文件进行置换，确定如何扭曲选区。图 18-3 中的 18-3b 必须是 PSD 格式的文件。

18-3a　原图

18-3b　置换图

18-3c　置换结果

图 18-3　置换扭曲

3. 玻璃

使图像显得像是透过不同类型的玻璃来观看的。可以选取玻璃效果或创建自己的玻璃表面(存储为 PSD 文件)并加以应用;也可以调整扭曲度和平滑度缩放来改变玻璃效果。

4. 海洋波纹

将随机分隔的波纹添加到图像表面,使图像看上去像是在水中。

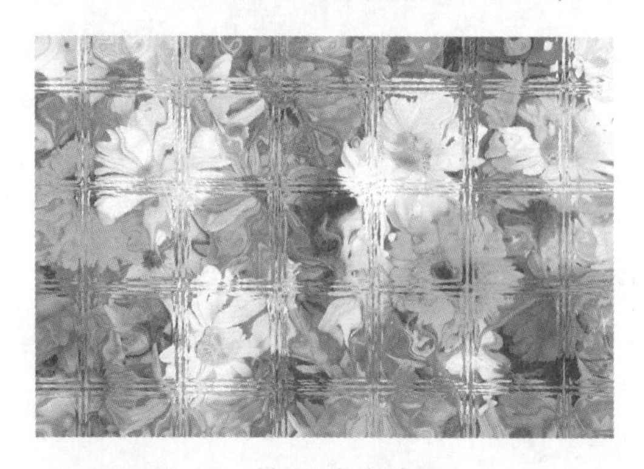

图 18-4　块状玻璃效果

图 18-5　海洋波纹效果

5. 极坐标

根据选中的选项,将选区从平面坐标转换到极坐标,或将选区从极坐标转换到平面坐标。可以使用此滤镜创建圆柱变体。当在镜面圆柱中观看圆柱变体中扭曲的图像时,图像是正常的。

18-6a　平面坐标到极坐标

18-6b　极坐标到平面坐标

图 18-6　极坐标

6. 球面化

通过将选区折成球形、扭曲图像以及伸展图像以适合选中的曲线,使对象具有 3D 效果。

7. 切变

沿一条曲线扭曲图像。通过拖动框中的线条来指定曲线。可以调整曲线上的任何一点。单击“默认”可将曲线恢复为直线。

图 18-7 切变效果

图 18-8 旋转扭曲

8. 旋转扭曲

旋转选区,中心的旋转程度比边缘的旋转程度大。指定角度时可生成旋转扭曲图案。

9. 波浪、波纹、水波

这 3 种滤镜都是产生波形,不同的是波纹在选区上创建波状起伏的图案,像水池表面的波纹;波浪在类似于“波纹”滤镜的同时,可进行进一步的控制,比如设置波浪生成器的数量、波长(从一个波峰到下一个波峰的距离)、波幅和波浪类型:正弦(滚动)、三角形或方形,或用“随机化”选项应用随机值。水波则是根据选区中像素的半径将选区径向扭曲,其中“起伏”选项设置水波方向从选区的中心到其边缘的反转次数;还要指定样式:“水池波纹”将像素置换到左上方或右下方,“从中心向外”向着或远离选区中心置换像素,而“围绕中心”则围绕中心旋转像素。

18-9a 波纹扭曲效果

18-9b 水波扭曲效果

18-9c 波浪扭曲效果

图 18-9 各种波形

(二)模糊滤镜

“模糊”滤镜柔化选区或整个图像,通过平衡图像中已定义的线条和遮蔽区域的清晰边缘旁边的像素,使变化显得柔和。

1. 镜头模糊

向图像中添加模糊以产生更窄的景深效果，以便使图像中的一些对象在焦点内，而使另一些区域变模糊。

使用“镜头模糊”滤镜之后，可以使选区部分模糊，但是其他部分仍很清晰。

18-10a 使用镜头模糊前

18-10b 使用镜头模糊后

图 18-10 镜头模糊滤镜

2. 平均

找出图像或选区的平均颜色，然后用该颜色填充图像或选区以创建平滑的外观。例如下图选区选用了平均滤镜，则该区域更改为一块均匀的土黄色。如果对照片的颜色不满意，也可以通过找出平均颜色反相后来改变照片的颜色。

图 18-11 局部选用了平均模糊

图 18-12 局部选用了表面模糊

3. 表面模糊

在保留边缘的同时模糊图像。此滤镜用于创建特殊效果并消除杂色或粒度。“半径”选项指定模糊取样区域的大小。“阈值”选项控制相邻像素色调值与中心像素值相差多大时才能成为模糊的一部分。色调值差小于阈值的像素被排除在模糊之外。

4. 高斯模糊

使用可调整的量快速模糊选区。高斯是指当 Photoshop 将加权平均应用于像素时生成的钟形曲线。“高斯模糊”滤镜添加低频细节，并产生一种朦胧效果。

5. 动感模糊

沿指定方向（-360 至 +360 度）以指定强度（1 至 999）进行模糊，将产生一定的斜度的效果。

图 18-13　局部选用了动感模糊

图 18-14　局部选用了径向(旋转)模糊

6. 径向模糊

模拟缩放或旋转的相机所产生的模糊，产生一种柔化的模糊。选取“旋转”，沿同心圆环线模糊，然后指定旋转的度数。选取“缩放”，沿径向线模糊，好像是在放大或缩小图像，然后指定 1 到 100 之间的值。模糊的品质范围从“草图”到“好”和“最好”：“草图”产生最快但为粒状的结果，“好”和“最好”产生比较平滑的结果，除非在大选区上，否则看不出这两种品质的区别。通过拖动“中心模糊”框中的图案来指定模糊的原点。

7. 形状模糊

使用指定的内核来创建模糊。从自定形状预设列表中选取一种内核，并使用“半径”滑块来调整其大小。通过单击三角形并从列表中进行选取，可以载入不同的形状库。半径决定了内核的大小。内核越大，模糊效果越好。

8. 特殊模糊

精确地模糊图像。可以指定半径、阈值和模糊品质。“半径”值确定在其中搜索不同像素的区域大小。“阈值”确定像素具有多大差异后才会受到影响。也可以为整个选区设置模式(正常)，或为颜色转变的边缘设置模式(“仅限边缘”和“叠加边缘”)。在对比度显著的地方，“仅限边缘”应用黑白混合的边缘，而“叠加边缘”应用白色的边缘。

图 18-15　局部选用了特殊模糊(仅限边缘)

(三) 艺术效果滤镜

可以使用“艺术效果”子菜单中的滤镜，制作绘画效果或艺术效果。

艺术效果中的壁画、彩色铅笔、木刻、干画笔、胶片颗粒、霓虹灯光、水彩、粗糙蜡笔等从文字上就可以看到其可以产生的绘画效果，只是应用中对相关的选项要进行合适的设置，才能得到比较满意的效果。

其他常用的滤镜是：

1. 绘画涂抹

可以选取各种大小(从 1~ 50)和类型的画笔来创建绘画效果。“画笔类型”包括简单、未处理光照、暗光、宽锐化、宽模糊和火花。

2. 调色刀

减少图像中的细节以生成描绘得很淡的画布效果，可以显示出下面的纹理。

3. 海报边缘

根据设置的“海报化”选项减少图像中的颜色数量(对其进行色调分离)，并查找图像的边缘，在边缘上绘制黑色线条。大而宽的区域有简单的阴影，而细小的深色细节遍布图像。

18-16a 绘画涂抹

18-16b 调色刀

18-16c 海报边缘

图 18-16 艺术效果部分滤镜

(四) 渲染滤镜

“渲染”滤镜在图像中创建 3D 形状、云彩图案、折射图案和模拟的光反射；也可在 3D 空间中操纵对象，创建 3D 对象(立方体、球面和圆柱)，并从灰度文件创建纹理填充以产生类似 3D 的光照效果。

1. 云彩、分层云彩

两者都是用介于前景色与背景色之间的随机值来生成云彩图案。用“云彩”或“分层云彩”滤镜时，现用图层上的图像数据会被替换。要生成色彩较分明的云彩图案，可使用 “云彩”滤镜。

分层云彩将云彩数据和现有的像素混合，所以现用图层或选区不能是透明的，结果如同选用了“差值”模式混合。第一次选取此滤镜时，图像的某些部分被反相为云彩图案。应用此滤镜几次之后，会创建出与大理石的纹理相似的凸缘和叶脉图案。

2. 纤维

使用前景色和背景色创建编织纤维的外观。可以使用“差异”滑块来控制颜色的变化方式(较低的值会产生较长的颜色条纹；较高的值会产生非常短且颜色分布变化更大的纤维)。“强度”滑块控制每根纤维的外观。低设置会产生松散的织物；高设置会产生短的绳状纤维。单击“随机化”按钮可更改图案的外观。可多次单击该按钮，直到看到您喜欢的图案。应用“纤维”滤镜时，现用图层上的图像数据会被替换。

3. 镜头光晕

模拟亮光照射到相机镜头所产生的折射。通过单击图像缩览图的任一位置或拖动其十字线来指定光晕中心的位置。

4. 光照效果

有 17 种光照样式、3 种光照类型和 4 套光照属性供选择，在 RGB 图像上产生无数种光照效果；还可以使用灰度文件的纹理（称为凹凸图）产生类似 3D 的效果。

（五）风格化滤镜

"风格化"滤镜通过置换像素和通过查找并增加图像的对比度，在选区中生成绘画或印象派的效果。在使用"查找边缘"和"等高线"等突出显示边缘的滤镜后，可应用"反相"命令用彩色线条勾勒彩色图像的边缘，或用白色线条勾勒灰度图像的边缘。

1. 扩散

根据选中的"模式"选项来改变像素："正常"使像素随机移动（忽略颜色值）；"变暗优先"用较暗的像素替换亮的像素；"变亮优先"用较亮的像素替换暗的像素。"各向异性"在颜色变化最小的方向上搅乱像素。

2. 浮雕效果

通过将选区的填充色转换为灰色，并用原填充色描画边缘，使选区显得凸起或压低。选项包括浮雕角度（–360 至 +360 度：–360 度使表面凹陷，+360 度使表面凸起）、高度和选区中颜色数量的百分比（1% 至 500%）。应用"浮雕"滤镜后使用"渐隐"命令，可以保留颜色和细节。

3. 查找边缘

用显著的转换标识图像的区域，并突出边缘。像"等高线"滤镜一样，"查找边缘"用相对于白色背景的黑色线条勾勒图像的边缘，生成图像周围的边界。

4. 照亮边缘

标识颜色的边缘，并向其添加类似霓虹灯的光亮。此滤镜可累积使用。

18–17a　原图

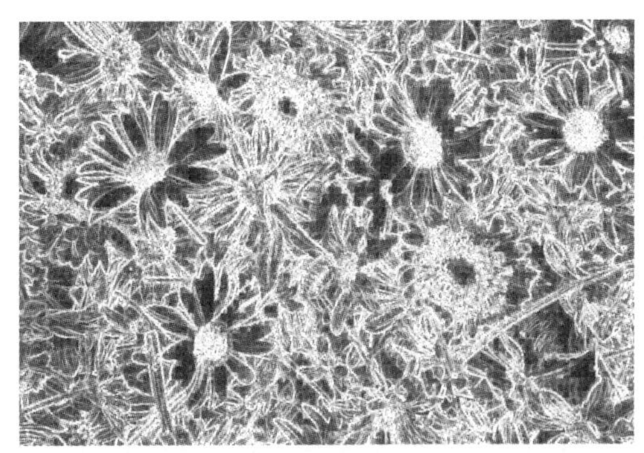

18–17b　照亮边缘

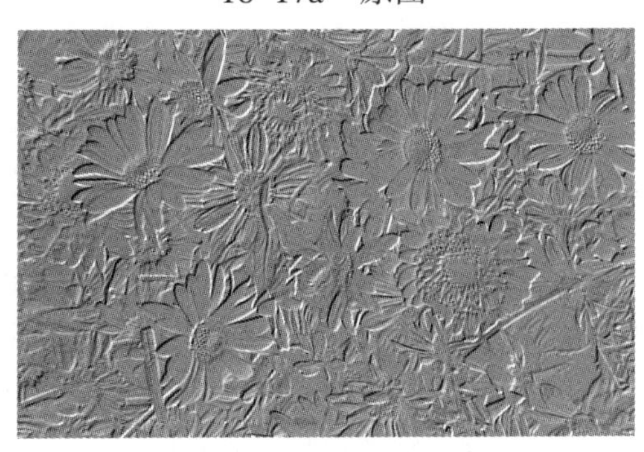

18–17c　浮雕效果

18–17d　查找边缘

图 18–17　部分风格化滤镜

5. 曝光过度

混合负片和正片图像,类似于显影过程中将摄影照片短暂曝光。

6. 拼贴

将图像分解为一系列拼贴,使选区偏离其原来的位置。可以选取下列对象之一来填充拼贴之间的区域:背景色、前景色、反向图像或未改变的图像,它们使拼贴的版本位于原版本之上,并露出原图像中位于拼贴边缘下面的部分。

7. 凸出

赋予选区或图层一种3D纹理效果。

8. 等高线

查找主要亮度区域的转换,并为每个颜色通道淡淡地勾勒主要亮度区域的转换,以获得与等高线图中的线条类似的效果。

9. 风

在图像中放置细小的水平线条来获得风吹的效果。方法包括"风"、"大风"(用于获得更生动的风效果)和"飓风"(使图像中的线条发生偏移)。

(六) 纹理滤镜

可以使用"纹理"滤镜模拟具有深度感或物质感的外观,或者添加一种器质外观。

1. 龟裂缝

将图像绘制在一个高凸显的石膏表面上,以循着图像等高线生成精细的网状裂缝。使用此滤镜可以对包含多种颜色值或灰度值的图像创建浮雕效果。使用时要选择裂缝的间距、深度和亮度。

2. 颗粒

使用此滤镜在图像上生成颗粒,可选择的"颗粒类型"有:常规、柔和、喷洒、结块、强反差、扩大、点刻、水平、垂直和斑点。使用时还要选择强度和对比度 。

3. 马赛克拼贴

渲染图像,使图像看起来是由小的碎片或拼贴组成,然后在拼贴之间灌浆。

4. 拼缀图

将图像分解为用图像中该区域的主色填充的正方形。此滤镜随机减小或增大拼贴的深度,以模拟高光和阴影。

5. 染色玻璃

将图像重新绘制为用前景色勾勒的单色的相邻单元格。使用时要选择单元格大小、边框粗细和光照强度。

6. 纹理化

将选择或创建的纹理应用于图像。

(七) 杂色滤镜

"杂色"滤镜添加或移去杂色或带有随机分布色阶的像素,这有助于将选区混合到周围的像素中。"杂色"滤镜可创建与众不同的纹理或移去有问题的区域,如灰尘和划痕。

1. 添加杂色

将随机像素应用于图像,模拟在高速胶片上拍照的效果。也可以使用"添加杂色"滤镜来减少羽化选区或渐进填充中的条纹,或使经过重大修饰的区域看起来更真实。杂色分布选项包括

“平均分布”和“高斯分布”。“平均分布”使用随机数值(介于 0 与正/负指定值之间)分布杂色的颜色值以获得细微效果。“高斯分布”沿一条钟形曲线分布杂色的颜色值,以获得斑点状的效果。“单色”选项将此滤镜只应用于图像中的色调元素,而不改变颜色。

2. 减少杂色

在基于影响整个图像或各个通道的用户设置保留边缘的同时减少杂色。

3. 去斑

检测图像的边缘(发生显著颜色变化的区域)并模糊除那些边缘以外的所有选区。该模糊操作会移去杂色,同时保留细节。

4. 蒙尘与划痕

通过更改相异的像素减少杂色。为了在锐化图像和隐藏瑕疵之间取得平衡,请尝试“半径”与“阈值”设置的各种组合;或者将滤镜应用于图像中的选定区域。

5. 中间值

通过混合选区中像素的亮度来减少图像的杂色。此滤镜搜索像素选区的半径范围以查找亮度相近的像素,扔掉与相邻像素差异太大的像素,并用搜索到的像素的中间亮度值替换中心像素。此滤镜主要用于消除或减少图像的动感效果。

(八)其他滤镜的使用

1. 位移:图像在水平或垂直方向上的移动,因移动产生的未定义区域可以设置为透明(图层)或背景,也可以用重复边缘像素或折回来弥补。

2. 最大值:设置半径后,决定提亮边缘像素的多少。

3. 最小值:设置半径后,决定加深边缘像素的多少。

4. 高反差保留:设置半径后,决定图像中的高反差保留大小。

5. 自定:在窗口中输入数值可以计算图像的亮度。当输入为正时,图像变亮;输入为负时,图像变暗。所有数值的和接近 0,图像亮度接近原图。

二、滤镜库的应用

滤镜库可提供许多特殊效果滤镜的预览。可以应用多个滤镜、打开或关闭滤镜的效果、复位滤镜的选项以及更改应用滤镜的顺序。如果对预览效果感到满意,则可以将其应用于图像,按“确定”即可。但滤镜库没有提供“滤镜”菜单中的所有滤镜。图 18–18 可以看到滤镜库提供的

图 18–18　滤镜库

滤镜以及预览的效果。

三、液化

液化命令中有多个工具,用于产生不同的扭曲效果。其中经常使用的工具是:

1. 向前变形工具:拖移图像时将像素向前推。

2. 顺时针旋转扭曲工具:在按住鼠标按钮或拖移时,以顺时针方式旋转像素。按住“Alt”键再按住鼠标按钮或拖移时,则以逆时针扭转像素。

3. 褶皱工具:在按住鼠标按钮或拖移时,将像素朝笔画区域的中心移动。

4. 膨胀工具:在按住鼠标按钮或拖移时,将像素移离开笔画区域的中心。

5. 重建工具:可以使用重建工具或其他控制项在刚才操作过的地方涂抹,用于撤销刚才的操作。

注:如果是文字层或形状图层,则首先要转换成普通图层再使用液化命令。

练 习

一、“置换”命令的使用。

(一) 完成图 18-19 的效果

18-19a 原图

18-19b 置换 1

18-19c 置换 2

图 18-19 置换应用(1)

参考操作:

1. 打开图 18-19.jpg,“图像”→“模式”,改为灰度文件→“文件”→“存储为”,输入文件名,格式为 PSD;

2. 历史记录退回到 RGB 模式,选出衣服,在衣服处画出花样(18-19b),或粘贴入其他文件中拷贝的图像(图 18-19c);

3. “滤镜”→“扭曲”→“置换”,选刚才保存的灰度文件。

(二) 文字的置换效果(图 18-20)

参考题(一)的操作步骤 1 和 2,然后输入文字,再进行置换。

文字需要栅格化。

图 18-20　置换应用(2)

二、设计倒影(图18-21)。

18-21a　原图

18-21b　结果图

图 18-21　设计倒影

参考操作:

1. 将图像的下面放大若干厘米:“图像”→“画布大小”,增加高度若干厘米,且使原图像在上面;

2. 利用矩形选框工具,画出要生成倒影的部分→“拷贝”;

3. “粘贴”,产生图层1,“编辑”→“变换”→“垂直翻转”;

4. 移动图层1的内容到合适的倒影位置;

5. “滤镜”→“模糊”→“动感模糊”(0,5);

6. 复制图层1,得到图层2;

7. 选中倒影,“滤镜”→“扭曲”→“海洋波纹”(10,5),图层填充改为60%。

三、雪花效果(图18–22)。

方法一:

1. 打开图片;

2. 复制背景副本;

3. “滤镜”→“像素化”→“点状化”(6);

4. “滤镜”→“动感模糊”(60,10);

5. “图像”→“调整”→“去色”;

6. 将背景副本的图层模式设置为“强光”。

方法二:

1. 打开图片;

2. 新建图层1;

3. 将前景色、背景色设置为黑、白色,并用前景色填充图层;

4. “滤镜”→“杂色”→“添加杂色”(400,平均分布,单色);

5. “滤镜”→“其它”→“自定”(4个角上都填入–200);

6. 利用矩形选框工具画一个矩形选区;

7. “编辑”→“拷贝”→“粘贴”,产生一个新的图层2;

8 将图层2中的图像放大到整个画面,删除图层1;

9. 利用矩形选框工具在图层2中画一个矩形;

10. “编辑”→“拷贝”→“粘贴”,产生一个新的图层3;

11. 将图层3中的图像放大到整个画面;

12. 将图层2、图层3的图层模式设置为“滤色”;

13. 如果觉得雪点太多,可以利用橡皮工具擦掉一部分;如果需要动感效果,可再用“滤镜”下“模糊”中的“动感模糊”对多图层进行设置。

18–22a　原图

18–22b_1　效果图1

18–22b_2　效果图2

图 18–22　雪花效果

四、海市蜃楼效果设计(图 18–23)。

1. 打开天空 1、天空 2、18–23a 照片;

2. 利用“图像”下的“图像大小”命令,修改这些文件的图像大小;

3. 天空 1 文件为当前文件,复制背景层;

4. 将副本图像放大,减少地面部分;

5. “图像”→“调整”→“色阶”(目的使图片变亮);

6. 将 18–23a 照片移到天空 1 中,形成图层 1;

7. “编辑”→“变换”→“透视”;

8. 图层 1 添加蒙版图层;

9. 前景色为黑色,利用画笔,涂抹图层 1 中不需要的部分,或者用径向的黑白渐变,保留图像的中间部分;

10. 天空 2 为当前文件;

11. 进入快速蒙版,利用画笔对需要的云彩部分进行涂抹;

12. 回到标准编辑模式,“选择”→“反选”;

13. 将选中的云彩移到天空 1 中,形成图层 2;

14. “编辑”→“变换”→“透视”,“编辑”→“自由变换”,调整云彩;

15. “滤镜”→“模糊”→“高斯模糊”;

16. 将所有图层合并,对 RGB 通道进行色阶的调整(0,1.34,255),对蓝色通道进行色阶调整(41,0.6,230)(数据仅供参考,可根据自己欣赏的色彩进行调整);

17. 保存文件。

18–23a　天空1.jpg

18–23b　18–23a.jpg

18–23c　效果图

图 18–23　海市蜃楼

五、黄昏效果的设计(图 18–24)。

1. 打开天空、公园照片;

2. 将 2 张照片调整到合适大小;

3. 天空照片为当前文件;

4. 新建图层 1,以紫色到橙色线性渐变填充;

5. 图层 1 的混合模式为“颜色”;

6. 新建图层 2,以黑色到白色线性渐变填充,图层模式为“正片叠底”,适当修改透明度(90%);

7. 将公园照片切换为当前文件，选出除天空以外的部分，移到天空文件中，形成图层 3；

8. 选中图层 3 中的图形（“Ctrl”键 + 单击图层中的图形），填充为黑色，并修改大小，并弥补两侧缺省的部分，适当修改透明度；

9. 选中图层 3 中的图形，新建图层 4，“选择”→“反选”；

10. 填加图层蒙版，并取消图层4与图层蒙版的链接；

11. 利用椭圆选框工具画一个橙黄色的椭圆选区，取消选择；

12. “滤镜”→“模糊”→“高斯模糊”(80)；

13. 图层4的模式为“颜色减淡”，适当修改不透明度(70%)；

14. 新建图层5，填充为黑色，“滤镜”→“渲染”→“镜头光晕”，图层模式为“滤色”；

15. 添加图层蒙版，用黑色的画笔将画面中多余的光晕遮盖；

16. 复制图层4，形成图层4的副本，并将此副本移到最上层；

17. “编辑”→“自由变换”，将副本中的图形放大，图层的混合模式为“饱和度”，适当修改不透明度；

18. 创建新的填充图层，选曲线，适当调整曲线；

19. 保存文件。

18-24a　公园.jpg

18-24b　天空.jpg

18-24c　黄昏效果

图 18-24　黄昏

六、图像合成练习。

1. 打开背景图，“图像”→“模式”→“灰度”，将图像转换为灰度图像；

2. 复制背景层；

3. “滤镜”→“模糊”→“径向模糊”→“缩放”，将中心点选在马路的消失点处；

4. “图像”→“调整”→“色阶”，调整到图像黑白分明；

5. 添加图层蒙版，选渐变工具，在近景处画出渐变选区，使图像产生近处清晰、远处模糊的效果；

6. 打开汽车图像，选出汽车，移到背景图，适当修改大小，选“径向模糊”；

7. 复制图层1，将汽车移到近景处，适当修改大小，“径向模糊”，参数选小一点；

8. 添加背景处的龙卷风；

9. 保存文件。

七、各种文字效果的设计。

(一) 落日(图18-25)

图 18-25　落日效果

参考操作：

1. 在通道中输入文字，且复制通道；
2. 在通道副本中，取消选择，选“高斯模糊”；
3. “图像”→“调整”→“自动色阶”；
4. “滤镜”→“风格化”→“浮雕效果”(135，5，140)；
5. 选择中载入选区，选通道1，“图像”→“调整”→“自动色阶”；
6. RGB通道，“图像”→“应用图像”(通道1副本、强光)；
7. “滤镜”→“模糊”→“进一步模糊”；
8. “图像”→“调整”，“色阶”(0，0.9，255)。

(二) 碧波(图18-26)

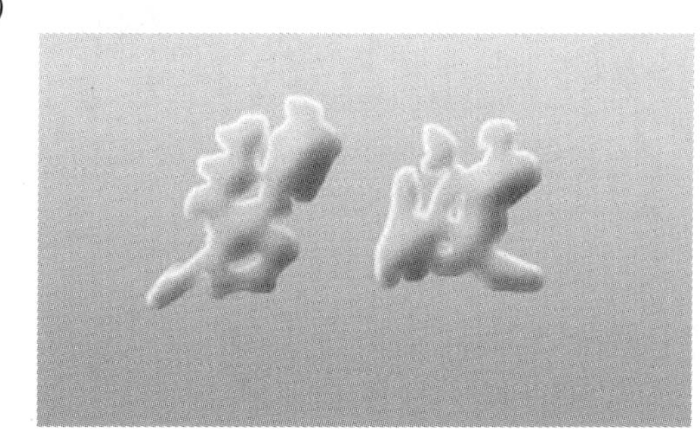

图 18-26　碧波效果

参考操作：

1. 输入文字；
2. “编辑”→“变形”→“斜切”；
3. “选择”→“修改”→“扩展”(3)；
4. 删除文字；
5. 复制选中区域，利用拷贝、粘贴产生图层1；
6. 图层1样式→“斜面和浮雕”(雕刻柔和，大小213，正常、软化12，内发光：阻塞32%、大小5)。

(三) 岩石(图18-27)

参考操作：

1. 输入文字，合并图层；
2. 复制图层，“全选”→“拷贝”；

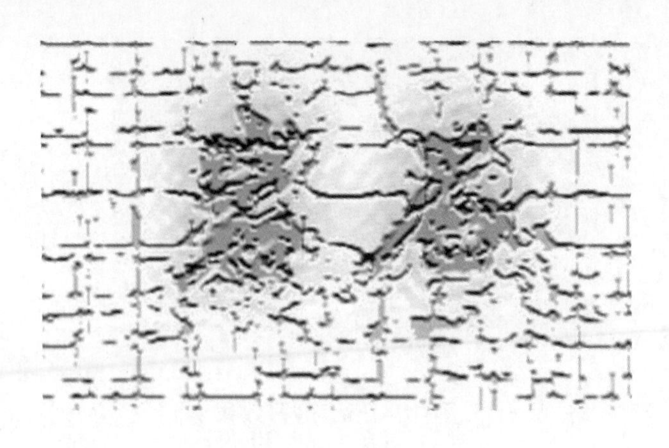

图 18-27　岩石效果

3. 新建通道→“粘贴”→取消选择；
4. 返回 RGB,“选择”→“载入选区”(Alpha1)；
5. “滤镜”→“模糊”→“高斯模糊”(15),“扭曲”→“海洋波浪”(2,5)；
6. 合并图层；
7. “纹理”→“龟裂缝”(15,3,3)。

(四) 冰雪(图 18-28)

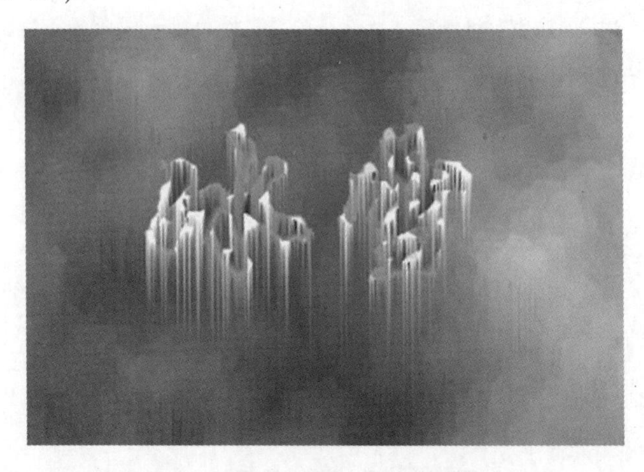

图 18-28　冰雪效果

参考操作：
1. “滤镜”→“渲染”→“云彩”,输入文字；
2. 选中文字→“合并图层”,“选择”→“反选”；
3. “像素化”→“晶格化”(8),反选；
4. “杂色”→“添加杂色”(100,平均、单色)；
5. “模糊”→“高斯模糊”(3)；
6. “调整”→“曲线”,画一个大 M、平滑,取消选择；
7. “调整”→“反相”,“图像旋转”(+90),“风”→“从右”；
8. “图像旋转”(-90),“调整”→“色阶”(0,2,255)。

八、风格化、艺术效果滤镜的应用(修正清晰度不够的照片,图18-29)。

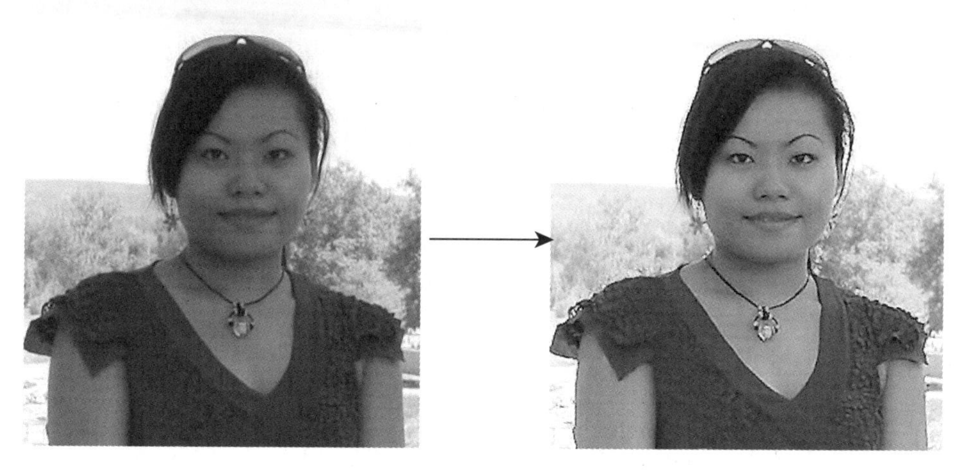

图 18-29　修正照片

参考操作：

1. 打开文件18-29a.jpg；
2. 通道→绿色通道→“选择”菜单→“全部”→“编辑”菜单→“拷贝”；
3. 新建通道→“编辑”菜单→“粘贴”；
4. “滤镜”菜单→“风格化”→“照亮边缘”(1,20,1)；
5. “滤镜”菜单→“模糊”→“高斯模糊”(1.5)；
6. “图像”菜单→“调整”→“色阶”(12,1,178)；
7. 铅笔工具,将背景部分涂上黑色；
8. 回到RGB通道,回到背景；
9. 复制背景层,载入选区；
10. “滤镜”菜单→“艺术效果”→“绘画涂抹”,“锐化程度”为5；
11. 复制背景副本,图层模式为“滤色”,填充选60%；
12. 另存文件。

第十九章　3D的简单应用

计算机屏幕是一个二维的平面,而在二维的空间中,之所以可以欣赏、设计三维的图像,是利用人的视错觉来进行的。一般三维图像边缘的突出部分以高亮度显示,凹下去的部分显示为暗灰色。3D 功能比二维多了一个深度,也就是 Z 轴。Photoshop 从 CS4 版本开始增加了 3D 功能。

Photoshop CS4 支持下列 3D 文件格式:U3D(通用 3D 图形格式标准, 无须专用软件打开)、3DS(三维几何建模软件生成的文件)、OBJ(标准三维模型格式文件)、KMZ(地标文件)以及 DAE(用于三维建筑的文本文件)。

一、3D 文件可包含下列一个或多个组件

(一) 网格

提供 3D 模型的底层结构。网格由成千上万个单独的多边形框架结构组成的线框。3D 模型通常至少包含一个网格。在 Photoshop 中,可以在多种渲染模式下查看网格,还可以分别对每个网格进行操作。如果无法修改网格中实际的多边形,则可以更改其方向,并且可以通过沿不同坐标进行缩放以变换其形状。还可以通过使用预先提供的形状,或者转换现有的 2D 图层,来创建自己的 3D 网格。

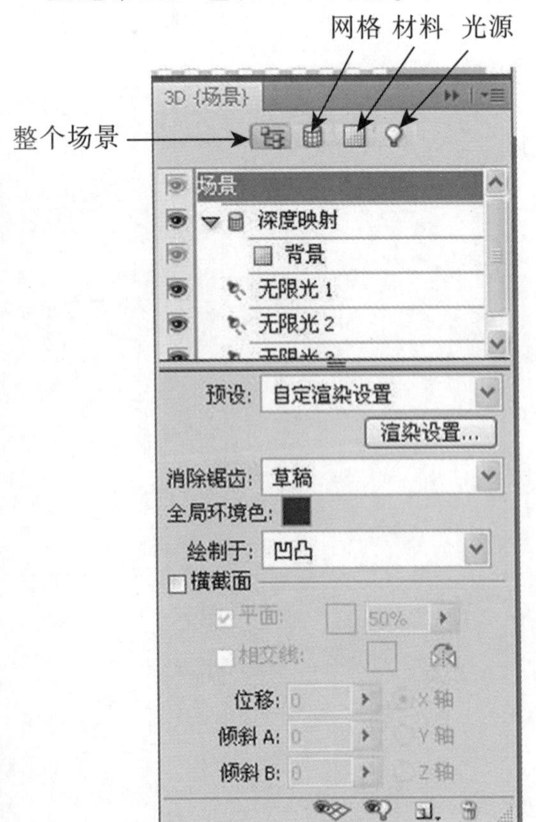

图 19-1　“3D”面板

(二) 材料

一个网格可以具有一种或多种相关的材料。这些材料控制整个网格的外观或局部网格的外观。它们依次构建于被称为纹理映射的子组件,其积累效果可以创建材料的外观。纹理映射本身就是一种 2D 图像文件,可以产生各种品质,例如颜色、图案、反光度或崎岖度。Photoshop 材料最多可使用 9 种不同的纹理映射来定义其整体外观。

(三) 光源

光源类型包括无限光、聚光灯和点光。可以移动和调整现有光照的颜色和强度,并且可以将新光照添加到 3D 场景中。

图 19-1 是创建了一个 3D 文件后 3D 的面板

显示情况，可以看到此三维图像的整个场景网格、材料、光源。此面板由“窗口”→“3D”进入。

在 Photoshop 中打开的 3D 文件保留它们的纹理、渲染和光照信息。可以移动 3D 模型，或进行动画处理、更改渲染模式、编辑或添加光照，或将多个 3D 模型合并为一个 3D 场景。纹理显示为“图层”面板中 “3D ”图层下的条目。可以将纹理作为独立的 2D 文件打开并编辑，或使用 Photoshop 画图和调整工具直接在模型上编辑纹理。

二、以 2D 图层为起点创建 3D 图形

在 Photoshop 中，可以以 2D 图层为起点，从零开始创建 3D 内容。如果将 2D 图层围绕各种形状预设，可以选立方体、球面、圆柱、锥形或金字塔。如果 2D 文件中有多个 2D 图层，可以仅对其中一个图层创建 3D 图形。图 19-2 就是用 2D 图形创建 3D 图形。也可以利用 2D 图片创建 3D 明信片(可以在 3D 空间中调整位置和添加光照的平面)。还可以从灰度图层或文本图层中创建 3D 网格。文本图层在使用从灰度新建网格命令时，文字的颜色不能为黑色。

19-2a　原图

19-2b　将 2D 图层形成帽子 3D 图

19-2c　原图

19-2d　将 2D 图层形成环形 3D 图

图 19-2　利用 2D 图层创建 3D 图

可以向图像添加多个 3D 图层，将 3D 图层与二维 (2D) 图层进行合并，从而创建 3D 内容的背景，或将 3D 图层转换为 2D 图层或智能对象。图 19-3 可以看到图像中添加了 2 个 3D 图层。

要编辑 3D 模型本身的多边形网格，必须使用 3D 创作程序。

选定 3D 图层时，会激活 3D 工具。使用 3D 对象工具可更改 3D 模型的位置或大小，也可以来旋转 3D 模型。当操作 3D 模型时，相机视图保持固定。

图 19-3　多个 3D 图层的图像

图 19-4　信息面板显示某点的信息

要获取每个 3D 工具的提示，请从“信息”面板菜单中选择“面板选项”，然后选择“显示工具提示”，单击工具，然后将光标移到图像窗口中，可以在“信息”面板中查看工具细节。如图 19-4，“信息”面板显示了当前图像中光标位置的信息。

三、3D 图形的操作

（一）3D 对象工具的操作

在“工具”面板中，单击 3D 对象工具，按住鼠标按钮以选择以下类型：

1. 旋转

上下拖动可将模型围绕其 X 轴旋转，两侧拖动可将模型围绕其 Y 轴旋转。

2. 滚动

按住“Alt”键的同时进行拖移可滚动模型，两侧拖动可使模型绕 Z 轴旋转。

3. 拖动

两侧拖动可沿水平方向移动模型，上下拖动可沿垂直方向移动模型，按住“Alt”键的同时进行拖移可沿 X/Z 方向移动。

4. 滑动

两侧拖动可沿水平方向移动模型，上下拖动可将模型移近或移远，按住“Alt”键的同时进行拖移可沿 X/Y 方向移动。

5. 比例

上下拖动可将模型放大或缩小，按住“Alt”键的同时进行拖移可沿 Z 方向缩放。

单击“选项”栏中的“返回到初始相机位置”图标，可返回到模型的初始视图。

要根据数字调整位置、旋转或缩放，请在选项栏右侧输入数值。

按住“Shift”键并进行拖动，可将“旋转”、“拖移”、“滑动”或“缩放”工具限制为沿单一方向运动。

（二）3D 相机工具的操作

使用 3D 相机工具可移动相机视图，同时保持 3D 对象的位置固定不变。

在“工具”面板中，单击 3D 相机工具，按住鼠标按钮以选择以下类型：

1. 环绕移动

拖动以将相机沿 X 或 Y 方向环绕移动，按住"Ctrl"键的同时进行拖移可滚动相机。

2. 滚动

拖动以滚动相机。

3. 平移

拖动以将相机沿 X 或 Y 方向平移，按住 Ctrl 的同时进行拖移可沿 X 或 Z 方向平移。

4. 移动（步览）

拖动以步进相机（Z 转换和 Y 旋转），按住"Ctrl"的同时进行拖移可沿 Z/X 方向步览（Z 平移和 X 旋转）。

5. 缩放

拖动以更改 3D 相机的视角，最大视角为 180。

按住"Shift"键的同时进行拖移可将环绕移动、平移或步览工具限制为沿单一方向移动。

更改或创建 3D 相机视图，执行下列操作之一：

- 选项栏中的"视图"中选择模型的预设相机视图（比如前视图）。
- 要添加自定视图，先使用 3D 相机工具将 3D 相机放置到所需位置，然后单击选项栏中的"存储"，输入视图名称。
- 要返回到默认相机视图，先选择 3D 相机工具，然后单击选项栏中的"返回到初始相机位置"图标。
- 要保留文件中的 3D 内容，要以 Photoshop 格式或另一受支持的图像格式存储文件。还可以用受支持的 3D 文件格式将 3D 图层导出为文件。

四、导出 3D 图层

可以用以下所有受支持的 3D 格式导出 3D 图层：Collada DAE、Wavefront/OBJ、U3D 和 Google Earth 4 KMZ。选取导出格式时，需考虑以下因素：

- "纹理"图层以所有 3D 文件格式存储；但是 U3D 只保留"漫射"、"环境"和"不透明度"纹理映射。
- Wavefront/OBJ 格式不存储相机设置、光源和动画。
- 只有 Collada DAE 会存储渲染设置。

导出 3D 图层的操作为：

1. "3D"菜单→"导出 3D 图层"。

2. 选取导出纹理的格式：

- U3D 和 KMZ 支持 JPEG 或 PNG 作为纹理格式。
- DAE 和 OBJ 支持所有 Photoshop 支持的用于纹理的图像格式。

3. （可选）如果导出为 U3D 格式，请选择编码选项。ECMA 1 与 Acrobat 7.0 兼容；ECMA 3 与 Acrobat 8.0 及更高版本兼容，并提供一些网格压缩。

4. 选取保存的文件夹，输入文件名。

5. 单击"确定"以导出。

五、存储 3D 文件

要保留 3D 模型的位置、光源、渲染模式和横截面，需将包含 3D 图层的文件以 PSD、PSB、TIFF 或 PDF 格式储存。

选取"文件"→"存储"，或"文件"→"存储为"，选择 Photoshop (PSD)、Photoshop PDF 或 TIFF 等格式，然后单击"保存"。

例：将图片 19-1.jpg 转换为 3D 帽子，保存为 19-1.das 文件，并移动到女孩.jpg 文件，移到合适位置，改变到合适大小，保存为女孩 1.jpg、女孩 1.psd(供下次修改用)。

19-5a 原图

19-5b 效果图

图 19-5 3D 应用例

操作步骤

1. 打开 19-1.jpg；
2. "3D"→"从图层新建形状"→"帽子"；
3. "3D"→"导出 3D 图层"→"19-1.das"；
4. 打开女孩.jpg；
5. 将帽子移动到女孩图中；
6. 改变大小、移动位置；
7. "文件"→"存储为"：女孩 1.jpg、女孩 1.psd。

练 习

一、利用 19-1.jpg、19-2.jpg 生成图 19-6 中的 3D 图形，并以 PNG、dae 格式文件保存。

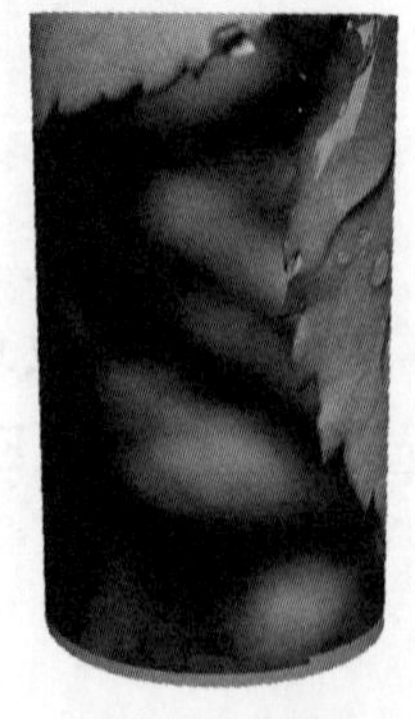

19-6a 3D 图形 1

19-6b 3D 图形 2

图 19-6 利用 2D 图形产生 3D 图形

二、利用题 1，改变形状如图 19-7。

图 19-7　使用 3D 相机操作工具

三、完成图 19-8 的效果。

图 19-8　3D 渲染效果

参考操作：

利用 9-1.jpg 生成帽子，移动到女孩图片后，用“3D”→“渲染设置”→“线条插图”，“边缘样式”中的折痕阈值为 0。

四、利用图片收藏下的图片，生成图 19-9 多 3D 图层的文件。

参考操作：

利用图片收藏下的 3 张图片分别生成 3 个 3D 图形，并移到 sunset.jpg 文件中，利用 3D 相机的功能进行适当的旋转、移动，并使用渲染设置。

图 19-9　多 3D 图层

第二十章　动画设计

一、“动画”面板

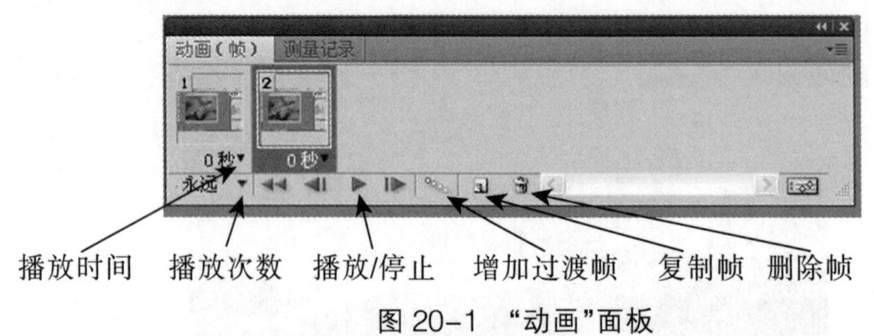

图 20-1　“动画”面板

“动画”面板的主要命令：播放次数、选择帧、播放（停止）、过渡帧、复制帧、删除帧，过渡帧主要用于产生透明度、位置的逐渐变化。一帧可有一种效果，每帧下的小三角可设置播放时间。

- 可用于 GIF 动画的制作，也可设计动态网页。
- “动画”面板进入：“窗口”→动画。
- 播放次数：可以选择一次、永远或自定次数。
- 增加过渡帧：可以设置向上一帧或下一帧过渡，可以选择增加的过渡帧数等，如图 20-2 所示。

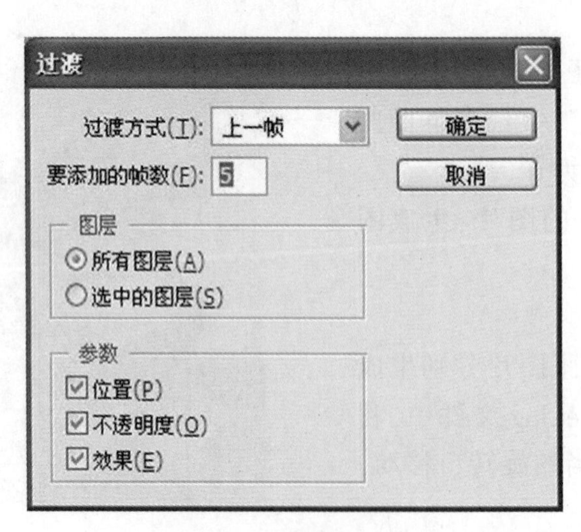

图 20-2　过渡帧窗口

二、切片工具选项对话框

切片工具和裁剪工具位于同一个工具组中,其作用是:

1. 划分切片:使用切片工具划出划分区域。
2. 使用切片选择工具可选择切片。
3. 选择工具双击切片后,打开切片设置窗口,可对切片进行设置。

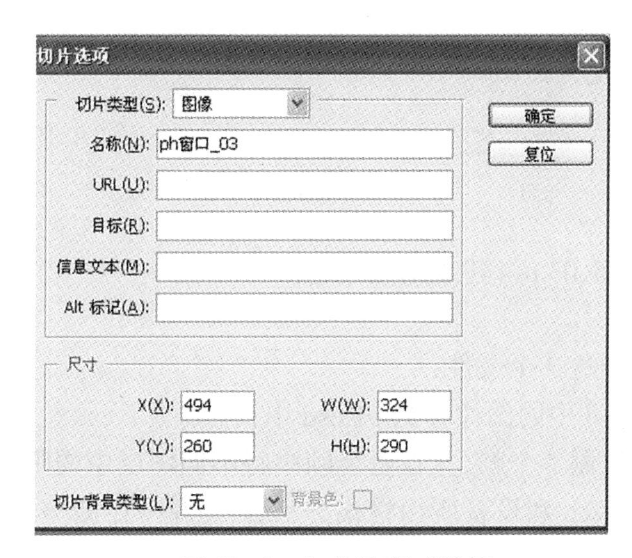

图 20-3　切片选项对话框

(1) 指定切片内容类型

可以指定该切片在与 HTML 文件一起导出时,切片数据在 Web 浏览器中的显示方式。可用的选项将因选择的切片类型而异。

图像切片包含图像数据,这是默认的内容类型。选择“无图像”切片,允许创建可在其中填充文本或纯色的空表单元格。可以在“无图像”切片中输入 HTML 文本。如果在“文件”→“存储为 Web 和设备所用格式”对话框中设置了“文本为 HTML”选项,在浏览器中查看文本时,则会将其解释为 HTML。类型为“无图像”的切片不会被导出为图像,并且无法在浏览器中预览。

(2) 输入切片的名称

在“名称”文本框中键入一个新名称,也可重命名切片。在向图像中添加切片时,根据内容来重命名切片会很有用。默认情况下,用户切片是根据“输出设置”对话框中的设置来命名的。

对于“无图像”切片内容,“名称”文本框不可用。

(3) 为切片选取背景色

可以选择一种背景色来填充透明区域(适用于“图像”切片)或整个区域(适用于“无图像”切片)。 Photoshop 不显示选定的背景色,必须在浏览器中预览图像才能查看选择背景色的效果。可以从“背景色”弹出式菜单选取一种背景色,具体可选择“无”、“杂边”、“白色”、“黑色”或“其它”(使用 Adobe 拾色器)。

(4) 为切片指定 URL 链接信息

为切片指定 URL 可使整个切片区域成为所生成 Web 页中的链接。当用户单击链接时,Web 浏览器会导航到指定的 URL 和目标框架。该选项只可用于“图像”切片。

在“切片选项”对话框的“URL”文本框中输入 URL。可以输入相对 URL 或绝对(完整)URL。如果输入绝对 URL,一定要包括正确的协议(例如 http://www.adobe.com,而不是 www.adobe.com)。

如果需要,请在“目标”文本框中输入目标框架的名称。

三、文件的保存

1. 保存为 psd 文件。

2. 保存为动画或网页文件。

练 习

一、利用 01.psd、02.psd、03.psd 建立动画效果。

操作步骤:

1. 在 Photoshop 中打开这 3 个文件;

2. 分别将 02.psd、03.psd 中的图像移到 01.psd 中;

3. 在“动画”面板中,复制 3 个帧,并在每个帧中将不同图层中的眼睛打开,观察动画效果;

4. “文件”→“存储为 Web 和设备所用格式”→GIF 文件→存储→选文件夹,输入文件名→保存。

二、简单帧的应用——闪烁文字。

1. 在 Photoshop 中新建白色文件;

2. 输入黑色文字:FLASH,字体:Arial Black,大小:72 点;

3. 新建图层 1,选中 FLASH 文字,利用油漆桶将文字填充为红色,图层样式为:外发光、斜面和浮雕;

4. 新建图层 2,选中 FLASH 文字,利用油漆桶将文字填充为蓝色,图层样式为:外发光、斜面和浮雕;

5. 新建图层 3,选中 FLASH 文字,利用油漆桶将文字填充为黄色,图层样式为:外发光、斜面和浮雕;

6. 进入动画面板,复制 2 个帧;

7. 在第 1 帧中,将图层 2、3 隐藏;

8. 在第 2 帧中,将图层 1、3 隐藏;

9. 在第 3 帧中,将图层 1、2 隐藏;

10. 利用播放按钮观察效果;

11. 将每帧的播放时间修改为 0.2 秒,观察效果;

12. “文件”→“存储为 Web 和设备所用格式”→GIF 文件→存储→选文件夹,输入文件名→保存。

三、过渡帧的应用——渐出图像。

1. 新建白色文件;

2. 打开一图像文件,复制、粘贴到新文件中;

3. 进入“动画”面板,复制 1 个帧;

4. 将第 1 帧的图层 1 的透明度设置为 0%;

5. 在“动画”面板中,选动画过渡帧命令,过渡:下一帧;图层:所有层;参数:不透明度,效果。

6. 利用播放按钮观察效果;

7. 选择播放次数,观察效果;

8. “文件”→“存储为 Web 和设备所用格式”,保存为 GIF 文件。

四、切片的使用(图 20-4)。

1. 新建文件;

2. 建立 3 个不同的按钮;

3. 利用切片工具划分切片;

4. 分别选中 3 个切片,连接到不同的地址;

例:第一个按钮连接到 126 邮箱(http://www.126.com)

第二个按钮连接到雅虎网(http://www.yahoo.cn)

第三个按钮连接到上海热线(http://www.online.sh.cn)

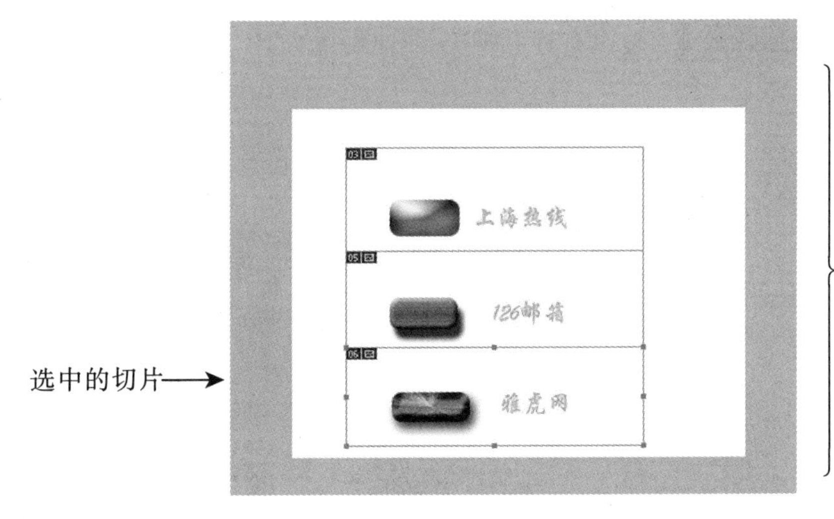

图 20-4 利用切片建立网络链接

5. 保存为 PSD 和 HTML 文件,分别用于修改和动画演示;

6. 观察效果。

五、输入文字,并要求文字产生波浪效果(图 20-5)。

图 20-5 波浪动画

参考操作:

1. 新建文件;

2. 输入文字;

3. 打开图片,即花.jpg,“选择”→“全部”,“编辑”→“拷贝”;

4. 在新建的文件中,选中文字(“Ctrl”键+点击图层中的文字),“编辑”→“贴入”,形成图层1;

5. 选文字层为当前层,“编辑”→“变换”→“旋转”,旋转一定的角度;

6. 选中文字(“Ctrl”键+点击图层中的文字),“编辑”→“贴入”,形成图层2;

7. 选文字层为当前层,文字选旗帜效果,(70);

8. 选中文字(“Ctrl”键+点击图层中的文字),“编辑”→“贴入”,形成图层3;

9. 选文字层为当前层,文字选旗帜效果,(-100);

10. 选中文字(“Ctrl”键+点击图层中的文字),“编辑”→“贴入”,形成图层4;

11. 进入“动画”面板;

12. 复制多个帧,每个帧打开不同的图层,隐藏其他图层;

13. 保存为 GIF 文件,比如 ABC1.gif。

六、利用以上内容,自己创作一个网页,要求包含:文字、图片(或画的形状)、按钮;文字和图片(或形状图形)之间有各种翻转效果;按钮有连接到各种地址的作用。

第二十一章　外挂抠图滤镜的应用

Photoshop 的外挂滤镜有多种。使用外挂滤镜，能更好、更方便地修饰照片，从而产生更好的照片效果或动画效果。这里介绍一种常用的抠图软件 Mask Pro 的安装和使用。

一、如何在 Photoshop CS4 中安装 Mask Pro 3.0

1. 复制文件夹 Mask Pro 3.0，将它粘贴至 X :/ Program Files / Adobe / Adobe Photoshop CS4 / 增效工具(Plug-Ins)下。

2. 复制 Extensis Library.dll、EToolBox.dll 和 Register Mask Pro 3.0.exe 这 3 个文件，将它粘贴到 Photoshop CS4 根目录(X:/ Program Files / Adobe / Adobe Photoshop CS4)下。

二、部分工具和面板介绍

在正确安装完 Mask Pro 3 以后，在 Photoshop 的滤镜菜单下会多出一个 Extensis 菜单选项，Mask Pro 就位于此选项下。

在使用 Mask Pro 抠图之前，必须要将图片复制为一个新的副本层，或者将锁定的背景层转化为普通层，因为默认情况下打开的图片作为一个锁定的背景层存在，Mask Pro 不能对锁定的图层进行编辑。

保证当前所操作的图层为需要抠图的图片层，然后执行“滤镜/Extensis/Mask Pro 3”命令，

图 21-1　“Mask Pro”窗口

进入“Mask Pro”窗口。

Mask Pro 3 的界面可以分为菜单栏、工具栏、工具参数设置、保留颜色面板、丢弃颜色面板和工作区几部分。菜单栏中所包括的命令为一些常见的命令，比如保存、还原、查看和编辑。

在软件界面的左侧为 Mask Pro 3 的工具栏，共包括 16 个工具。按由上到下、从左到右的顺序介绍各个工具，分别为保留颜色吸管工具、丢弃颜色吸管工具、保留色工具、丢弃色工具、魔术笔刷工具、笔刷工具、魔术填充工具、填充工具、魔术棒工具、喷枪工具、凿子工具、模糊工具、魔术钢笔工具、钢笔工具、手抓工具和缩放工具。

Mask Pro 抠图的一个重要概念就是保留色和丢弃色。通过我们设定的保留颜色和丢弃颜色，软件会自动抠取对象。保留颜色吸管工具和丢弃颜色吸管工具就是用来吸取图片中的不同颜色来确定要保留或丢弃的颜色。当使用它们在图片上单击吸取颜色以后，会在相应的保留颜色面板或丢弃颜色面板中显示该颜色。

使用保留色工具和丢弃色工具可以分别在图像中绘制要保留或要丢弃的颜色区域，当选中工具以后，会在工具参数面板中显示设置笔刷大小的选项。

三、保留颜色吸管工具和丢弃颜色吸管工具的使用

保留颜色吸管工具和丢弃颜色吸管工具分别用来选取图像中需要保留或丢弃的颜色。与保留色工具和丢弃色工具所不同的是，它们是用来设定颜色值的，而不是用来指定某些区域的轮廓。

选中背景副本层，执行“滤镜/Extensis/Mask Pro 3”菜单命令，启动 Mask Pro 3。选择工具栏中的“保留颜色吸管工具”，在工具的属性面板中勾选“连续增加新颜色”选项，这样可以使用吸管工具连续增加不同的新颜色到保留颜色面板中。

观察保留颜色面板中吸取的颜色。如果发现颜色过于偏色，可以使用拾色器来改变这几种颜色。在保留颜色面板中双击其中的某一种颜色，打开拾色器，将颜色作适当调整。

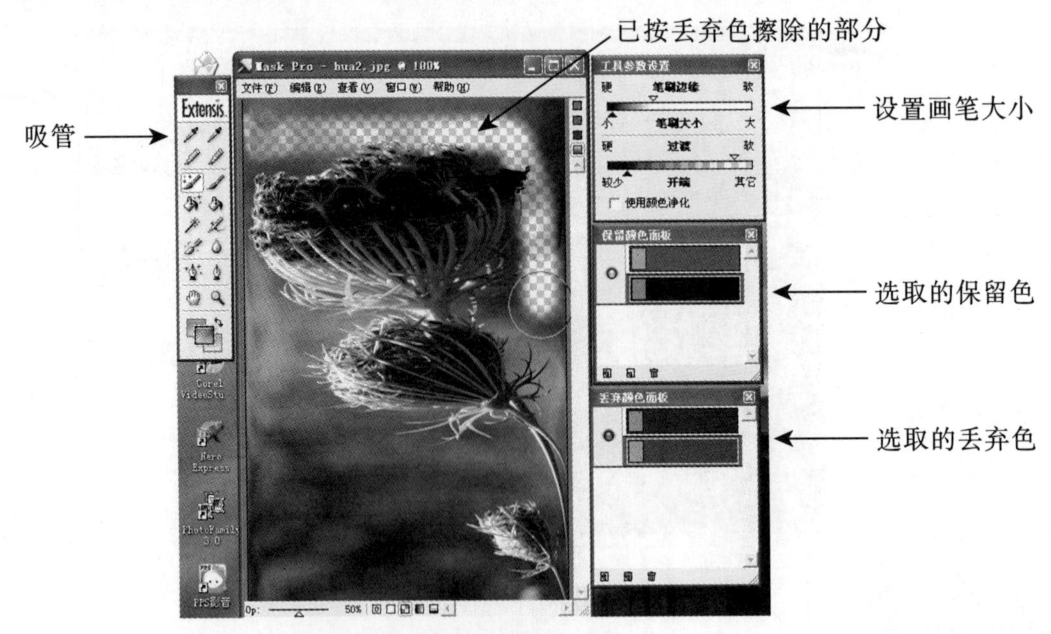

图 21-2　利用吸管丢弃颜色

可以反复试验几次来确定要保留的颜色，这样才能实现符合要求的抠图效果。

选择丢弃色工具，设置适当大小的笔刷，然后用魔术工具在图上涂抹，会按照丢弃色丢弃某些颜色。

四、使用保留色和丢弃色工具

首先使用 Photoshop 打开一幅图片，在“图层”面板中拖动背景层到“创建新图层”按钮上，创建一个“背景副本”图层，然后执行“滤镜/Extensis/Mask Pro 3”菜单命令，启动 Mask Pro 3。

选择工具栏中的保留色工具，在工具参数设置面板中设置笔刷为适当的大小，然后在图片的内侧边缘勾画出大致轮廓，勾画轮廓的时候不要画到要保留区域的边缘。如果有绘制错误的地方，可以按住“Alt”键切换保留色工具为擦除模式，然后擦掉错误的部分。绘制完成轮廓以后，按住“Ctrl”键，切换保留色工具为填充模式，在轮廓中单击即可填充整个轮廓。

选择工具栏中的丢弃色工具，在工具参数面板中设置适当的笔刷大小，然后沿着要保留区域的外部绘制大致轮廓。同样，在绘制的过程中，不要碰到图像的边缘。如果有绘制错误的地方，可以按住“Alt”键擦去这些错误部分。绘制完成外部轮廓以后，按住“Ctrl”键切换丢弃色工具为填充模式，在外部的其他部分单击即可填充，然后用魔术笔刷擦除要丢弃的部分。

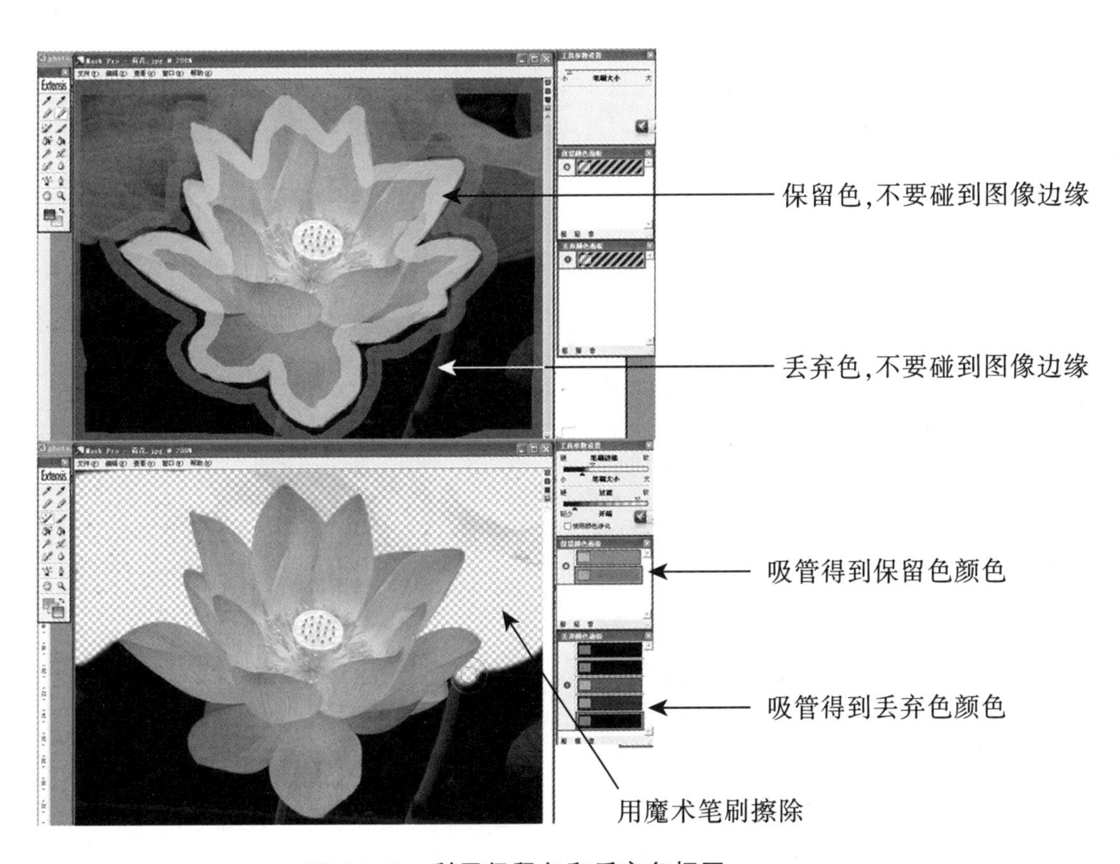

图 21-3　利用保留色和丢弃色抠图

五、用钢笔工具抠图

使用的工具是Mask pro自己带的钢笔工具， Mask pro中的钢笔工具在建立路径时同在

Photoshop中是一样的，下图是关闭路径后的结果。此时在我们建立的路径旁边鼠标变成一个白色的小锤子，单击鼠标即可删除不希望保留的区域，在路径内点击将删除路径的全部区域；反之亦然。

钢笔画出路径，路径闭合后路径旁边鼠标变成一个白色的小锤子，单击鼠标后可以删除路径以外的背景

图 21-4　用钢笔工具抠图

练　习

一、安装抠图软件 Mask Pro 3。

二、利用此滤镜，完成图 21-5 的抠图练习，然后用抠出来的图形进行操作(图 21-6)。

图 21-5　抠图练习

图 21-6 抠出图形的使用

新世纪老年课堂系列教材

计算机照片处理技术：Photoshop CS4 实用教程

组　　编：《上海市老年教育系列教材》编写委员会
　　　　　上海老年大学
编　　著：张似玫

责任编辑：焦　健
版式设计：杨颖皓
封面设计：杨　静

出版发行： 上海世纪出版股份有限公司
　　　　　上 海 科 技 教 育 出 版 社
　　　　　（上海市冠生园路 393 号　邮政编码 200235）
网　　址： www.ewen.cc
　　　　　www.sste.com
经　　销： 各地新华书店
印　　刷： 常熟华顺印刷有限公司
开　　本： 889×1194　1/16
字　　数： 242 000
印　　张： 10
版　　次： 2011 年 9 月第 1 版
印　　次： 2011 年 9 月第 1 次印刷
印　　数： 1–2 400
书　　号： ISBN 978-7-5428-5268-7/G·2966
定　　价： 21.00 元